Carl-Heinz Zieseniß
Beleuchtungstechnik für den Elektrofachmann

Carl-Heinz Zieseniß

Beleuchtungstechnik für den Elektrofachmann

Lampen, Leuchten und ihre Anwendung

6., neubearbeitete Auflage

 Hüthig Verlag Heidelberg

Dipl.-Ing. Carl-Heinz Zieseniß, Jahrgang 1930, studierte an der Fachhochschule Hamburg Elektrotechnik. Er ist Obmann und Mitarbeiter in verschiedenen nationalen und internationalen Fachnormenausschüssen auf dem Gebiet der Lichtanwendung.

Die Deutsche Bibliothek – CIP-Einheitsaufnahme

Zieseniß, Carl-Heinz:
Beleuchtungstechnik für den Elektrofachmann: Lampen,
Leuchten und ihre Anwendung / Carl-Heinz Zieseniß. –
6., neubearb. Aufl. – Heidelberg: Hüthig, 1996
  ISBN 3-7785-2466-6

© 1996 Hüthig GmbH, Heidelberg
Printed in Germany
Satz: Brunhilde Walter, Schriesheim
Druck: Bitsch, Birkenau
Bindung: Industriebuchbinderei Kumler, Sandhausen

Vorwort

Die Ansprüche an das Leistungsvermögen des Menschen steigen ständig. Die Sehaufgaben im Handwerk und in der Industrie werden schwieriger, im Bereich der Verwaltungen werden durch das Anwachsen der Arbeitsplätze mit Bildschirmgeräten erhöhte Anforderungen an die Beleuchtung gestellt. Der Konkurrenzdruck zwingt die Ladeninhaber dazu, effektvolle, wirtschaftliche Lösungen für die Beleuchtung ihrer Verkaufsräume und Schaufenster zu finden. Die Ansprüche an das Licht im Wohnbereich werden vielfältiger und der zunehmende Wunsch, beim Sport einen körperlichen Ausgleich zu erhalten, bedingt Beleuchtungsanlagen, die die Sportstätten auch bei Dunkelheit benutzbar machen. Darüberhinaus werden die Anforderungen an die Sicherheit auf beleuchteten Straßen und in künstlich erhellten Betriebsstätten immer größer.

In den letzten Jahren sind neue wichtige anwendungsbezogene DIN-Normen für die Innen- und Außenbeleuchtung sowie die Arbeitsstätten-Richtlinien „Beleuchtung" erschienen.

Einen entscheidenden Faktor bei der Errichtung neuer Beleuchtungsanlagen und bei der Sanierung älterer Anlagen stellt die Wirtschaftlichkeit dar, die wesentlich durch die jährlich anfallenden Betriebskosten bestimmt wird. Wirtschaftliche Beleuchtungsanlagen werden realisiert durch Lampen, die viel Licht für wenig Strom abgeben, durch Leuchten mit guten optischen Eigenschaften, die richtig im Raum angeordnet sind.

Das Buch wendet sich deshalb an diejenigen, die bestehende Beleuchtungsanlagen sanieren müssen oder neue Anlagen projektieren. Hierzu zählen vorwiegend Architekten, Planungsingenieure, Elektroinstallateure, Betriebselektriker und Sicherheitsingenieure, aber auch Mitarbeiter in kommunalen Verwaltungen und Beschäftigte im Elektro-Einzel- und Großhandel.

Zum besseren Verständnis und zum schnellen und einfachen Erfassen der Aussagen werden alle Themen dieses Buches mit Hilfe grafischer Darstellungen behandelt, die zusätzlich mit einem knappen erläuternden Text versehen sind.

Wie schon in der 5. Auflage, wurde auch in der 6. Auflage der Entwicklung durch Berücksichtigung der aktuellen Daten und neuesten Normen Rechnung getragen. Ergänzungen und Erweiterungen entstammen aus den Erfordernissen der Praxis.

Hamburg, 1996

C.-H. Zieseniß

Einleitung

Auf dem Gebiet der Beleuchtungstechnik wurden besonders in den letzten Jahren erhebliche Fortschritte erzielt und bei der Errichtung von neuen Beleuchtungsanlagen voll genutzt. Daß aber die Anlagen auch altern und nicht mehr den wirtschaftlichen, lichttechnischen und Normungs-Ansprüchen genügen, wird leider häufig vergessen. In den meisten Fällen sind es die laufenden Betriebskosten, die sich aus den Wartungs-, Lampenersatz- und Stromkosten zusammensetzen, die dann eine Sanierung der Beleuchtungsanlage erforderlich machen. Bei den Betriebskosten können durch eine Sanierung vornehmlich die Stromkosten gesenkt werden. Obwohl der Anteil des Stromes, der für die Beleuchtung benötigt wird, nur etwa 10 % des gesamten Stromverbrauchs ausmacht, hat für viele Anwender die Beleuchtung durchaus einen beachtlichen Anteil an der Stromrechnung. So kann z. B. bei Verwaltungsgebäuden oder Verkaufsräumen der Anteil für Licht an den Gesamtstromkosten 40 % und mehr betragen. In der Schwerindustrie dagegen liegt der Lichtanteil wesentlich niedriger und im Haushalt hat das Licht etwa 10 % vom gesamten Stromverbrauch.

In der Elektroindustrie werden immer kleinere Bauteile bearbeitet und die daraus erwachsenden schwierigen Sehaufgaben stellen hohe Anforderungen an die Güte der Beleuchtung, z. B. an die Beleuchtungsstärke, an die Blendungsbegrenzung und an die richtige Lichteinfallrichtung. In den Verwaltungsgebäuden findet man immer mehr Arbeitsplätze mit Bildschirmen. Ein gutes Erkennen der Information auf dem Bildschirm und gleichzeitig müheloses Lesen der Belege und der Tastatur stellen gegensätzliche lichttechnische Anforderungen, die nur mit einer modernen, gut geplanten Beleuchtung gelöst werden können. Hierbei kommt es in erster Linie auf die Vermeidung von Reflexen der Leuchte und Fenster auf dem Bildschirm an.

Die DIN 5035 „Beleuchtung mit künstlichem Licht" und die DIN 5044 „Straßenbeleuchtung" bilden die Basis für die Projektierung von Beleuchtungsanlagen. Beide Normen stellen den Stand der Technik dar. Teil 2 der DIN 5035 ist gleichlautend mit der vom Bundesministerium für Arbeit herausgegebenen Arbeitsstätten-Richtlinie „ASR 7/3 Beleuchtung" und hat damit gegenüber einer DIN-Norm, die nur empfehlenden Charakter hat, Gesetzeskraft. Die Einhaltung der Angaben in der ASR 7/3 wird von den Berufsgenossenschaften und Gewerbeaufsichtsämtern überprüft.

Inhaltsverzeichnis

1 Lichttechnik

Licht ist notwendig

Licht überträgt *Informationen*. 80 % aller Informationen erreichen den Menschen über das Auge: Ohne Licht könnten wir sie nicht wahrnehmen. Wir könnten die Bedienungsanleitung ebensowenig erkennen wie das Hinweisschild auf dem Bahnhof.

Licht schafft *humane Lebensbedingungen*. Es beeinflußt das Wohlbefinden und die Stimmung des Menschen: Jeder kennt das behagliche Gefühl, in der Geborgenheit einer gemütlichen Leuchte seinen Gedanken nachzugehen, mit netten Menschen zusammenzutreffen, zu lesen oder sich mit seinem Hobby zu beschäftigen.

Licht sorgt für *Sicherheit*. Auf der Straße, zu Hause und am Arbeitsplatz vermeiden wir durch richtige Beleuchtung Unfälle. Am Arbeitsplatz gewährleistet Licht, daß Gefahren rechtzeitig erkannt werden, auf der Straße werden Hindernisse sichtbar. Und Licht schützt vor kriminellen Delikten, denn lichtscheues Gesindel hat einen Feind: das Licht.

Das Auge

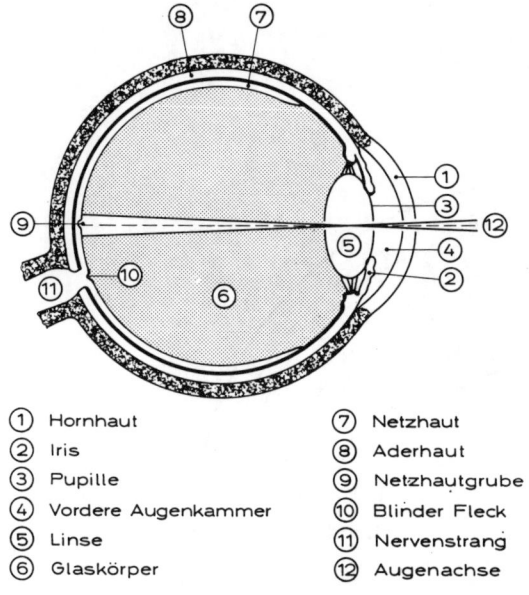

①	Hornhaut	⑦	Netzhaut
②	Iris	⑧	Aderhaut
③	Pupille	⑨	Netzhautgrube
④	Vordere Augenkammer	⑩	Blinder Fleck
⑤	Linse	⑪	Nervenstrang
⑥	Glaskörper	⑫	Augenachse

Das *Auge,* das stark vereinfachend mit einer Kamera verglichen werden kann, ist das wichtigste Informationsorgan des Menschen. Bei dem Kameravergleich bildet die *Netzhaut* den lichtempfindlichen Film, die vordere *Augenkammer* und *Linse* das Objektiv, und die *Iris* die Blende, deren Durchmesser sich mit der Beleuchtungsstärke auf der *Netzhaut* ändert. Die Netzhaut enthält die Empfangsorgane für den Lichtreiz. Dieses sind 130 Millionen *Stäbchen,* die das Sehen bei wenig Licht in der Dämmerung und bei Nacht ermöglichen; allerdings sind beim Stäbchensehen keine Farben zu erkennen. Die 7 Millionen *Zapfen* auf der Netzhaut dienen dem Sehen bei Tage oder bei heller künstlicher Beleuchtung und zum Erkennen von Farben. Der Krümmungsradius der Linse ist veränderlich und kann das Auge an die jeweilige Sehentfernung anpassen. Durch Verhärtung der Linse läßt diese Eigenschaft des Auges mit zunehmendem Alter nach („Altersweitsichtigkeit"). An der Austrittsstelle des Nervenstranges enthält die Netzhaut weder Stäbchen noch Zapfen, deshalb wird diese Stelle auch *Blinder Fleck* genannt. In der Höhe der optischen Achse befindet sich eine Konzentration von Zapfen. Hier befindet sich der Bereich des scharfen Sehens, der mit *Netzhautgrube* bezeichnet wird.

Wellenlänge und Strahlung

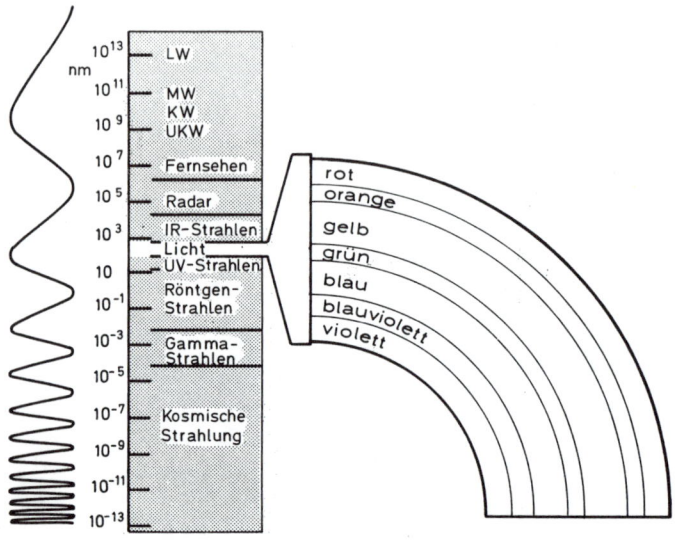

Licht ist die elektromagnetische Strahlung, für die das Auge empfindlich ist. Sie unterscheidet sich von anderen elektromagnetischen Strahlungen nur durch die *Wellenlänge.* Die Ausbreitungsgeschwindigkeit der elektromagnetischen Wellen im leeren Raum ist, unabhängig von der Frequenz, 300 000 km/s. Die Wellenlängen der sichtbaren Strahlung liegen zwischen 380 nm und 780 nm (1 Nanometer = 10^{-9} m). Die *Lichtwellen* sind also wesentlich kürzer als die *Rundfunkwellen,* wobei z. B. die Ultrakurzwellen Längen zwischen 1 und 10 m aufweisen. Zu den elektromagnetischen Wellen gehören außer den Rundfunk- und Lichtwellen die *Röntgenwellen* und die Wellen der *kosmischen Strahlung.* Vor den gefährlichen kosmischen Strahlen schützt uns die Atmosphäre rund um die Erde, die Licht, UV- und IR-Strahlung so dosiert durchläßt, daß organisches Leben möglich ist.

Lichtquelle und Spektrum

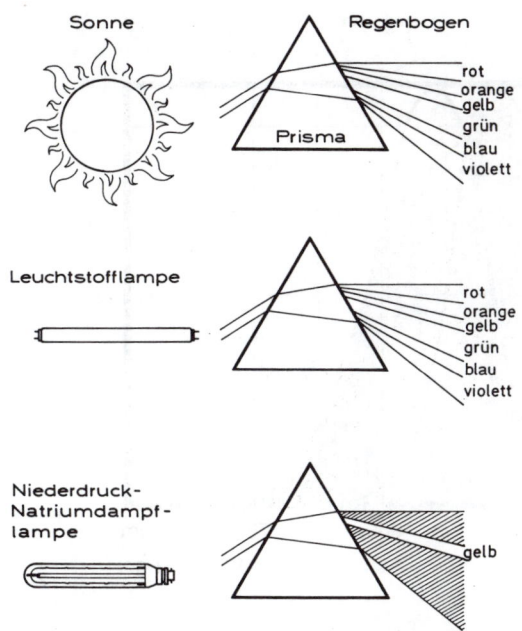

Das weiße *Sonnenlicht* setzt sich aus elektromagnetischen Wellen verschiedener Längen zusammen. Führt man ein enges Lichtbündel der Sonnenstrahlen durch ein Glasprisma und projiziert man die austretenden Strahlen auf eine Tafel, so wird ein farbiges *Spektrum* sichtbar, das man auch vom Regenbogen her kennt. Bei der Entstehung des Regenbogens bilden die vielen Regentröpfchen in der Luft die Prismen, durch die die Sonne scheint.

Jeder Farbe entspricht eine ganz bestimmte Wellenlänge. Die Wellen des roten Lichtes sind länger (>600 nm) als die des blauen Lichtes (<500 nm). Das Zusammenwirken aller Lichtwellen ruft den Eindruck *weißes Licht* hervor.

Farbige Gegenstände werden nur dann als farbig erkannt, wenn im Spektrum der Lichtquelle auch alle Farben vorhanden sind. Dies ist z. B. bei der Sonne, den Glühlampen und Leuchtstofflampen mit sehr guten Farbwiedergabeeigenschaften der Fall. Schickt man jedoch z. B. das Licht einer Niederdruck-Natriumdampflampe durch ein Glasprisma, so tritt nur eine Strahlung mit gelber Farbe aus, da im Spektrum dieser Lichtquelle alle anderen Farben außer gelb fehlen.

Empfindlichkeit des Auges auf optische Strahlungen

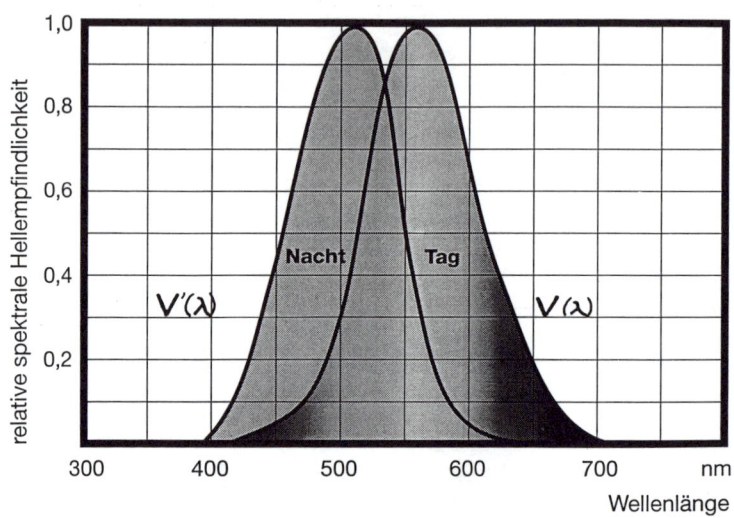

Zu den optischen Strahlungen zählen das Licht (sichtbare Strahlung) und die nach beiden Seiten anschließende *UV*-(Ultraviolett)*Strahlung* und *IR*-(Infrarot)*Strahlung*. Die UV-Strahlung wird z. B. durch Solarien-, Lichtpaus- und Schwarzlichtlampen erzeugt.

Typische Vertreter der IR-Strahlung sind z. B. Heizstrahlen in Grillgeräten und Bestrahlungslampen. Die UV-Strahlung wird unterteilt in:

UV-C von 100 nm bis 280 nm (starke keimtötende Wirkung)

UV-B von 280 nm bis 315 nm (Bildung von Vitamin D)

UV-A von 315 nm bis 380 nm (Bräunung der Haut)

Das menschliche Auge ist für die sichtbare Strahlung je nach Wellenlänge unterschiedlich empfindlich. Es hat im gelbgrünen (555 nm) die größte und im blauen und roten Bereich die geringste Empfindlichkeit.

Die spektralen Hellempfindlichkeitskurven für das normalsichtige Auge wurden von der CIE festgelegt. Bei Tagsehen (photopisches Sehen) gilt die V(λ)-Kurve, wenn die Helligkeit so hoch ist, daß Farben deutlich erkannt werden. Wenn Farben nicht mehr erkennbar sind, spricht man vom Nachtsehen (skotopisches Sehen), dafür gilt die V'(λ)-Kurve.

Der IR-Bereich liegt zwischen 780 nm und 1mm.

Das Farbdreieck

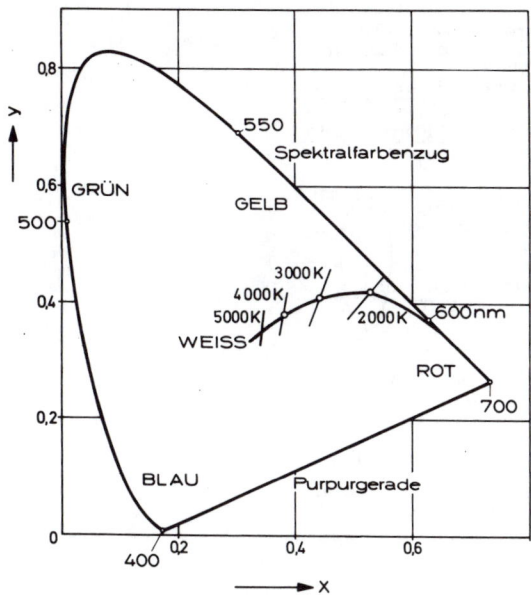

Das Farbdreieck wurde 1931 von der internationalen Beleuchtungskommission (*Commission Internationale de L'Eclairage, CIE*) festgelegt. In einem Koordinatenfeld mit x- und y-Koordinaten wurde eine Kurve mit den Spektralfarben von 380 nm (violett) über 520 nm (grün) bis 780 nm (rot) eingezeichnet. Geschlossen wird dieser Spektralfarbenzug durch die Purpurgerade. Das Farbdreieck schließt alle reellen Farben ein. Unbunt im farbmetrischen Sinn liegt in der Mitte des Farbdreiecks mit dem Farbwertanteilen x = y = 0,333. Die im Farbdreieck verlaufende Kurve enthält die Temperaturwerte in Kelvin eines schwarzen Körpers, der auf die jeweilige Temperatur gebracht wurde (Plancksche Strahlung). Mit dem Temperaturwert (Farbtemperatur) kennzeichnet man die Lichtfarbe einer Lichtquelle. Eine Lichtquelle außerhalb des Planckschen Kurvenzugs wird durch ihre ähnlichste Farbtemperatur beschrieben. Hierfür gilt ein Ergänzungsdiagramm mit Linien quer zum Planckschen Kurvenzug (Juddsche Geraden). Die Lichtfarben der verschiedenen Lichtquellen werden durch die Angabe der x- und y-Werte beschrieben.

Lichtstrom, Lichtstärke, Beleuchtungsstärke

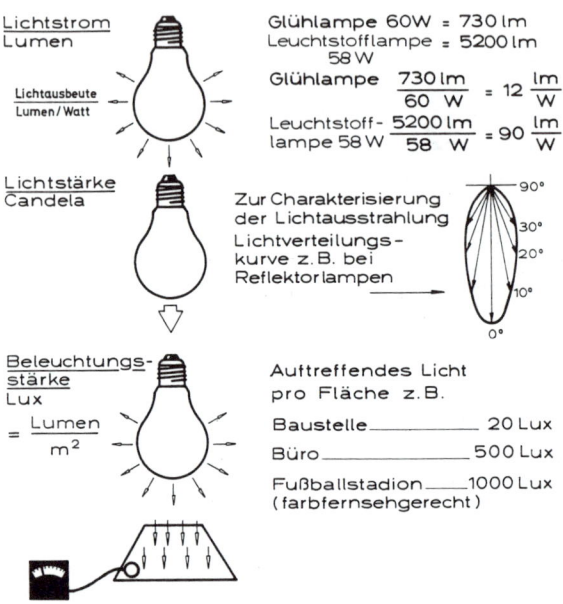

Lichtstrom
Lumen

Glühlampe 60W ≈ 730 lm
Leuchtstofflampe ≈ 5200 lm
58 W

$\dfrac{\text{Lichtausbeute}}{\text{Lumen / Watt}}$

Glühlampe $\dfrac{730\,\text{lm}}{60\,\text{W}} = 12\,\dfrac{\text{lm}}{\text{W}}$

Leuchtstoff-
lampe 58 W $\dfrac{5200\,\text{lm}}{58\,\text{W}} = 90\,\dfrac{\text{lm}}{\text{W}}$

Lichtstärke
Candela

Zur Charakterisierung
der Lichtausstrahlung
Lichtverteilungs-
kurve z. B. bei
Reflektorlampen

90°
30°
20°
10°
0°

Beleuchtungs-
stärke
Lux

$= \dfrac{\text{Lumen}}{\text{m}^2}$

Auftreffendes Licht
pro Fläche z. B.

Baustelle _____ 20 Lux

Büro _____ 500 Lux

Fußballstadion _____ 1000 Lux
(farbfernsehgerecht)

Der *Lichtstrom* (Lumen; lm) ist die von einer Lichtquelle in alle Richtungen aus-gestrahlte und nach der international festgelegten Augenempfindlichkeit bewertete Strahlungsleistung. Die Werte für den Lichtstrom der Lichtquellen sind in den Produktlisten der Lampenhersteller angegeben.

Die *Lichtausbeute* ist das Maß für die Wirtschaftlichkeit einer Lichtquelle. Sie sagt aus, wieviel Lumen pro Watt aus einer Lampe herauskommen. Je höher das Verhältnis Lumen/Watt (lm/W), desto wirtschaftlicher ist die Lichtquelle.

Der in eine bestimmte Richtung abgestrahlte Lichtstrom wird mit *Lichtstärke* (Candela; cd) bezeichnet. Die Lichtstärke dient zur Charakterisierung der Licht-ausstrahlung von Leuchten und Reflektorlampen. Verbindet man die Endpunkte der Lichtstärken z. B. einer Reflektorlampe in ihren verschiedenen Ausstrah-lungsrichtungen, erhält man die sog. *Lichtstärkeverteilungskurve* (LVK). In den Dokumentationen der Leuchtenhersteller sind die LVK der Leuchten, in den Produktlisten der Lampenhersteller die der Reflektorlampen angegeben.

Die *Beleuchtungsstärke* (Lux; lx) gibt an, wieviel Licht auf eine Flächeneinheit fällt. Die für künstliche Beleuchtung erforderlichen Beleuchtungsstärken sind in DIN-Normblättern angegeben.

18

Leuchtdichte

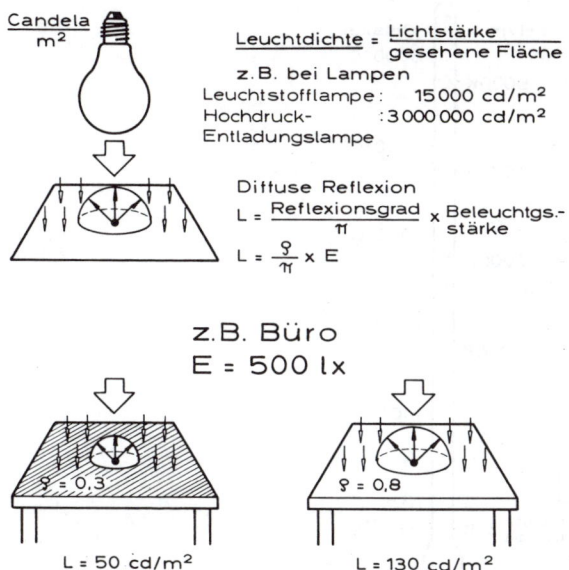

$$\text{Leuchtdichte} = \frac{\text{Lichtstärke}}{\text{gesehene Fläche}}$$

z.B. bei Lampen

Leuchtstofflampe: 15 000 cd/m²
Hochdruck- : 3 000 000 cd/m²
Entladungslampe

Diffuse Reflexion

$$L = \frac{\text{Reflexionsgrad}}{\pi} \times \text{Beleuchtgs.-stärke}$$

$$L = \frac{\rho}{\pi} \times E$$

z.B. Büro
E = 500 lx

$\rho = 0,3$ L = 50 cd/m²

$\rho = 0,8$ L = 130 cd/m²

Die *Leuchtdichte* ist ein Maß für den Helligkeitseindruck einer selbstleuchtenden Lichtquelle oder einer beleuchteten Fläche. Das Maß für die Leuchtdichte ist Candela pro m² (cd/m²). Zur Bestimmung der Leuchtdichte von Lichtquellen muß die Lichtstärke in cd der Lampen in Blickrichtung geteilt werden durch die gesehene Fläche in m².

Die Leuchtdichte von beleuchteten Oberflächen ergibt sich aus der auf dem Objekt vorhandenen Beleuchtungsstärke (Lux), multipliziert mit dem *Reflexionsgrad* ρ der Oberfläche geteilt durch π. Diese Berechnungsmöglichkeit setzt voraus, daß die beleuchtete Fläche vollkommen *diffus* ist, d. h. nach allen Seiten das auftreffende Licht gleichmäßig reflektiert.

Ein Tisch mit einem weißen Farbanstrich hat einen hohen Reflexionsgrad (ρ = 0,8), d. h. es wird viel vom auftreffenden Licht zurückgestrahlt, ein brauner Farbton reflektiert weniger Licht, sein Reflexionsgrad liegt bei 0,3. Bei gleicher Beleuchtungsstärke ist die Leuchtdichte des weißen Anstrichs wesentlich höher als die der braunen Oberfläche.

Hierbei wird deutlich, daß die Leuchtdichte besser die Beleuchtungsverhältnisse im Raum beschreibt als Angaben über die Beleuchtungsstärke in Lux. Die Beleuchtungsstärke läßt sich jedoch leichter berechnen und messen.

Lichtfarben von Lampen

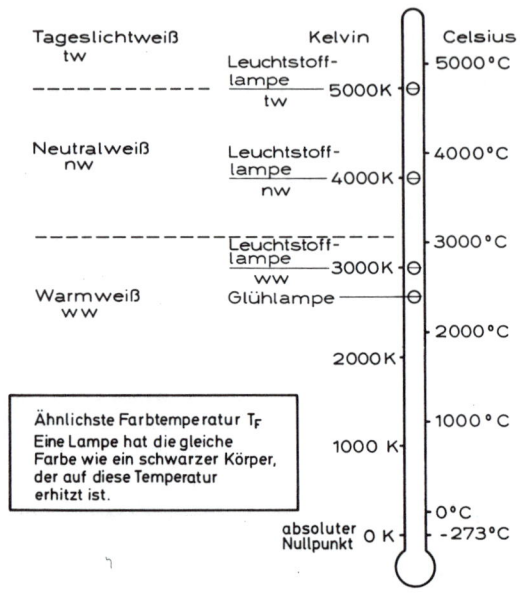

Die *Lichtfarbe* einer Lampe wird charakterisiert mit dem Begriff der *Farbtemperatur* T_F, angegeben mit der Temperatur-Maßeinheit Kelvin. Die Kelvin-Temperaturskala beginnt beim absoluten Nullpunkt, der tiefsten Temperatur, die es überhaupt gibt; der Nullpunkt entspricht $-273°$ Celsius.

Wenn ein sogenannter *schwarzer Körper* langsam erhitzt wird, durchläuft sein Aussehen eine Farbskala von dunkelrot, rot, orange, gelb, weiß bis zum hellblau. Je höher die Temperatur desto weißer wird die Farbe dieses schwarzen Körpers. Die ähnlichste Farbtemperatur ist dann die Temperatur, in Kelvin angegeben, die ein schwarzer Körper haben würde, wenn er auf diese Temperatur erhitzt wäre. Eine Glühlampe mit ihrem warmweißen Licht hat z. B. eine ähnlichste Farbtemperatur von 2800 K, eine neutralweiße Leuchtstofflampe hat eine ähnlichste Farbtemperatur von 4000 K und eine tageslichtähnliche Leuchtstofflampe 5000 K. Eine Lampe mit einer bestimmten Farbtemperatur hat also immer die gleiche Lichtfarbe wie ein schwarzer Körper, der auf diese Temperatur erhitzt ist. Die Lichtfarbe einer Lampe sagt nur etwas über das farbliche Aussehen der Lampe aus, nicht aber über die Farbwiedergabeeigenschaft der Lichtquelle.

Farbwiedergabe von Lampen

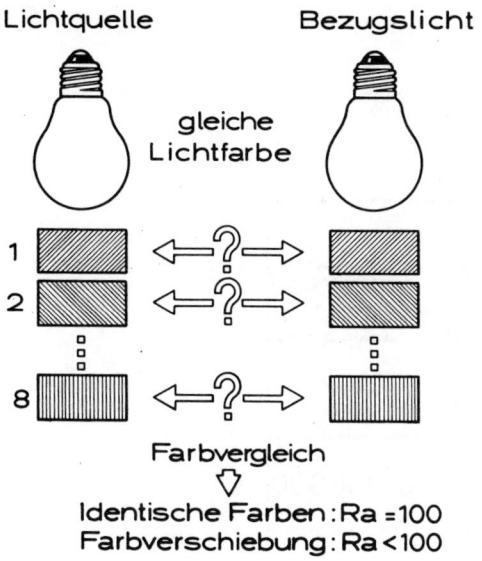

Lichtquelle   Bezugslicht

gleiche
Lichtfarbe

1

2

8

Farbvergleich

Identische Farben: Ra =100
Farbverschiebung: Ra <100

Die Farben unserer Umwelt und der menschlichen Haut empfinden wir dann als natürlich, wenn im Spektrum der zur Beleuchtung dienenden Lampen alle *Spektralfarben* vorhanden sind. Fehlt z. B. eine Farbe im Spektrum einer Lampe, so erscheint z. B. ein Körper, der mit dieser Farbe angestrichen ist, grau. Zur Bewertung der *Farbwiedergabeeigenschaft* von Lampen hat man den sogenannten *Farbwiedergabeindex* R_a eingeführt. Der höchste Wert des R_a ist 100. Eine Lichtquelle mit einem R_a von 100 läßt also alle Farben unserer Umgebung natürlich erscheinen. Je niedriger der Wert für den Farbwiedergabeindex R_a ist, desto schlechter werden die Farben der beleuchteten Gegenstände wiedergegeben.

Zur Ermittlung des R_a-Wertes wurden acht *Testfarben* aus unserer Umwelt ausgewählt, die jeweils mit einer *Bezugslichtquelle* ($R_a = 100$) und der zu testenden Lichtquelle beleuchtet werden. Je geringer die Abweichungen der beleuchteten Testfarbe ist, desto besser ist die Farbwiedergabeeigenschaft, je größer die Unterschiede der jeweils acht Testfarben sind, desto niedriger ist der R_a-Wert und desto schlechter die Farbwiedergabeeigenschaft der Lampe.

Beleuchtungsstärken im Freien

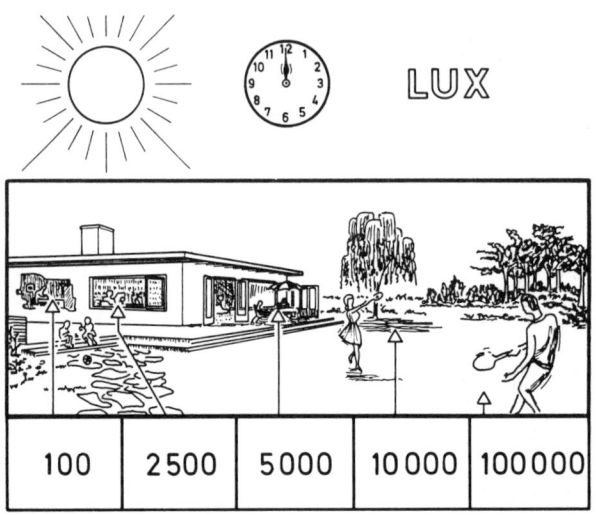

100	2500	5000	10000	100000

Die Außenbeleuchtung im Freien setzt sich zusammen aus der Beleuchtung vom Himmel und der Beleuchtung von der Sonne direkt. Die vom klaren Himmel erzeugten Horizontalbeleuchtungsstärken sind von ähnlicher Größenordnung wie für den bedeckten Himmel, nämlich 5000 Lux im Winter und 20 000 Lux im Sommer. Der zusätzliche Anteil der Sonne beträgt zur selben Zeit zwischen ca. 20 000 Lux im Winter und ca. 80 000 Lux im Sommer. Die durch das Tageslicht erzeugte Beleuchtungsstärke im Innenraum ist abhängig von der Außenbeleuchtungsstärke, der Abschwächung durch Verbauung (Gebäude, Bäume), der Lichtreflexion an der Verbauung und am Boden, den Reflexionsverhältnissen im Innenraum (Wände, Decke, Boden), den Raumproportionen, der Größe und Lage der Fenster und Oberlichter sowie den Lichtverlusten in der Fensterebene.

2 Lampenübersicht, Glühlampen und Halogenlampen

Anforderungen an Lampen
für die Innenraumbeleuchtung

Licht-
ausbeute   Wirtschaft-
Lebens-   lichkeit
dauer

Farb-   Wohl-
wiedergabe   befinden

Lichtfarbe   Wohl-
befinden
Stimmung

Die Lampen sollen wirtschaftlich sein und im Raum eine angenehme, der Stimmung entsprechende Atmosphäre erzeugen. Die Wirtschaftlichkeit einer Lampe wird in erster Linie durch eine hohe Lichtausbeute (Lumen/Watt) und durch eine lange Lebensdauer erzielt. Eine gute Farbwiedergabeeigenschaft der Lampen gewährleistet, daß die Farben im Raum und vor allem die Farbe der menschlichen Haut natürlich erscheinen und damit das Wohlbefinden gewährleisten. Die für die Lampen gewählte Lichtfarbe erzeugt die jeweils gewünschte Raumstimmung. Für Räume, in denen eine vorwiegend sachliche Beleuchtung gewünscht wird, werden Lampen mit *neutralweißer* Lichtfarbe eingesetzt. Die Lampen mit *warmweißer* Lichtfarbe werden in Räumen bevorzugt, die mehr der Entspannung dienen, wie Wohnungen, Restaurants, Theater usw. *Tageslichtähnliche* Lichtfarben werden in unseren Breiten für allgemeine Beleuchtungszwecke nur sehr selten verwendet.

Anforderungen an Lampen
für die Straßenbeleuchtung

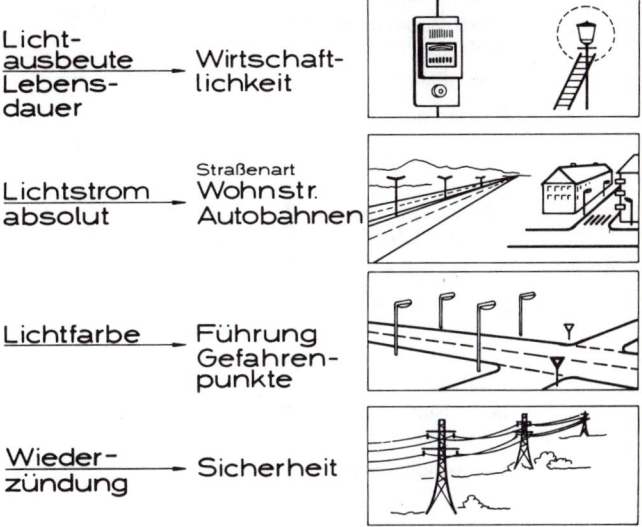

Licht-ausbeute Lebens-dauer	Wirtschaft-lichkeit
Lichtstrom absolut	Straßenart Wohnstr. Autobahnen
Lichtfarbe	Führung Gefahren-punkte
Wieder-zündung	Sicherheit

Eine hohe Lichtausbeute (Lumen/Watt) und eine lange Lebensdauer der Lampen sind für eine wirtschaftliche *Straßenbeleuchtung* erforderlich.

Je nach der Straßenbreite und der erforderlichen Leuchtdichte bzw. Beleuchtungsstärke werden Lampen mit unterschiedlichen Lichtströmen eingesetzt, z. B. in Wohnstraßen Lampen mit geringen, auf breiten Verkehrsstraßen Lampen mit hohen Lichtströmen. Durch die Wahl einer abweichenden Lichtfarbe der sonst vorhandenen Straßenbeleuchtung können Durchfahrtsstraßen in geschlossenen Ortschaften und Gefahrenpunkte wie z. B. Kreuzungen besonders kenntlich gemacht werden. Hochdruck-Quecksilberdampflampen haben z. B. eine neutralweiße, Hochdruck-Natriumdampflampen eine warmweiße Lichtfarbe.

Der sichere Betrieb einer Straßenbeleuchtung ist besonders wichtig. Wenn z. B. durch Blitzeinwirkung eine kurzzeitige Netzunterbrechung entsteht, verlöschen die Lampen. Damit die Lampen nach der Unterbrechung sofort wieder ihr Licht abgeben, muß eine sofortige *Wiederzündung* auch bei Hochdruck-Entladungslampen gewährleistet sein.

Möglichkeiten der Lichterzeugung

Temperaturstrahlung

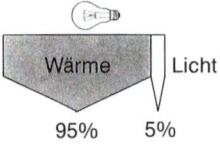

Elektr. Strom bringt einen
Draht zum Glühen

Wolframwendel

Glühlampe

Gasentladung

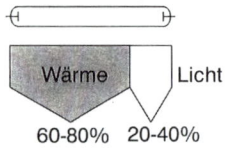

Elektr. Strom bringt ein
Gas zum Leuchten

Quecksilberdampf

Natriumdampf

Strahlungsumwandlung

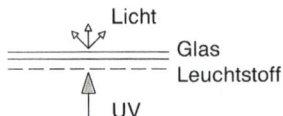

Leuchtstoffe wandeln UV
in Licht um

Leuchtstofflampen

Grundsätzlich lassen sich drei Arten der *Lichterzeugung* unterscheiden. Die bekannteste Technik, mit Hilfe des elektrischen Stromes Licht zu erzeugen, ist die *Temperaturstrahlung,* bei der der elektrische Strom einen Draht zum Glühen bringt. Der typische Vertreter ist die Glühlampe, die 1979 ihren 100. Geburtstag feierte. Der Wirkungsgrad ist gering, da vorwiegend Wärmestrahlung erzeugt wird.

Verwendet man anstelle des Wolframdrahtes ein Gas, das durch den elektrischen Strom zum Leuchten angeregt wird, kommt man zu den *Entladungslampen,* die ein wesentlich günstigeres Verhälnis zwischen Wärmestrahlung und Licht aufweisen. Je nach Art des verwendeten Gases werden unterschiedliche Lichtfarben erzeugt.

Die dritte Möglichkeit Licht zu erzeugen, geschieht durch die Kombination der Gasentladung mit einem innerhalb der Lampe aufgetragenen *Leuchtstoff.* Im Entladungsrohr wird Ultraviolettstrahlung (UV) erzeugt, die vom Leuchtstoff in sichtbares Licht umgewandelt wird. Je nach chemischer Zusammensetzung der Leuchtstoffe entstehen verschiedene Lichtfarben.

Lampen für die allgemeine Beleuchtung

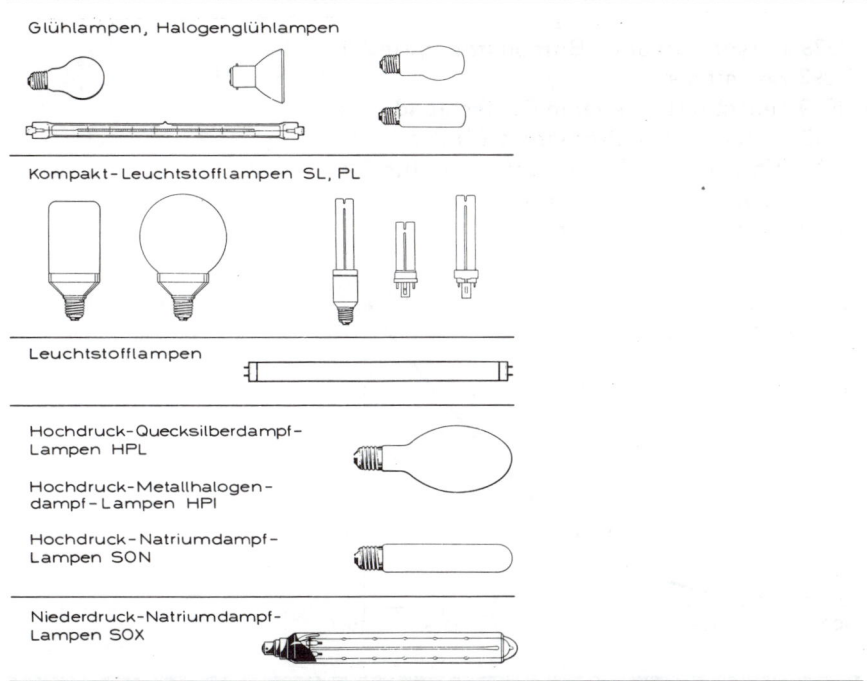

Glühlampen, Halogenglühlampen

Kompakt-Leuchtstofflampen SL, PL

Leuchtstofflampen

Hochdruck-Quecksilberdampf-
Lampen HPL

Hochdruck-Metallhalogen-
dampf-Lampen HPI

Hochdruck-Natriumdampf-
Lampen SON

Niederdruck-Natriumdampf-
Lampen SOX

Faßt man die für die Innen- und Außenbeleuchtung verwendeten Lampen zusammen, so kommt man zu fünf Gruppen:

1. Die *Glühlampen* und *Halogenglühlampen* finden ihr Haupteinsatzgebiet im Wohnbereich sowie in Verkaufsräumen und Schaufenstern.

2. Die Kompakt-Leuchtstofflampen gibt es mit eingebautem induktivem bzw. elektronischem Vorschaltgerät und Sockel E 27, E 14 bzw. mit Stecksockel, wobei zum Betrieb das Vorschaltgerät in der Leuchte vorhanden sein muß. Sie haben gegenüber Glühlampen wesentlich höhere Lichtausbeuten und Lebensdauern.

3. Das meiste Licht wird von *Leuchtstofflampen* mit ihren verschiedenen Abmessungen, Formen, Lichtfarben und Farbwiedergabeeigenschaften erzeugt.

4. Die *Hochdruck-Entladungslampen* werden vorwiegend in der Industrie-, Straßen-, Freiflächen- und Sportstättenbeleuchtung eingesetzt. Die *Hochdruck-Natriumdampflampen* zeichnen sich durch eine warmweiße Lichtfarbe und hohe Lichtausbeute aus. Die *Hochdruck-Metallhalogendampflampen haben bei hoher Lichtausbeute gute Farbwiedergabeeigenschaften.*

5. *Die Niederdruck-Natriumdampflampen* mit ihrem monochromatischen Licht werden für die Beleuchtung von Straßen, Tunnels, Hafenanlagen und zur Sicherung von Gebäuden und Flächen (Objektschutz) verwendet.

Entwicklung der Glühlampen-Weltproduktion

1879 Edison verkohlte Bambusfaser, 3 lm/W
1892 Kohlefaden
1909 Leuchtmittelsteuer in Deutschland
1910 gezogener Wolframdraht, 8 lm/W
1913 Einfachwendel und Gasfüllung, 10 lm/W
1936 Doppelwendel, 12 lm/W
1959 Halogenfüllung, 25 lm/W

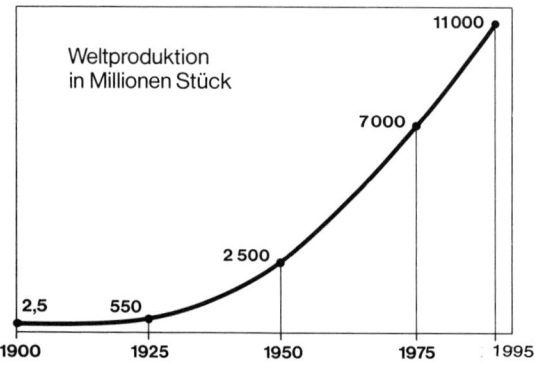

Die älteste, in breitem Umfang angewendete elektrische Lichtquelle ist die *Glühlampe*. Das Kernproblem bei der Herstellung von Glühlampen ist, seitdem Edison 1879 die technischen Voraussetzungen geschaffen hat, die Glühlampe auf industrieller Basis zu fertigen – bis heute – die Art der *Glühwendel*. Schon frühzeitig war bekannt, daß zur Erzielung einer befriedigenden Lichtausbeute das Material für den Glühfaden einen hohen Schmelzpunkt haben mußte, da die Lichtausbeute mit der Erhöhung der Glühfadentemperatur steigt. Die ersten Leuchtkörper, die durch den elektrischen Strom zum Glühen gebracht wurden, waren aus verkohlten Naturfasern oder dünnen Papierfasern hergestellt. Diese Herstellungsmethode wurde aber bald zugunsten der sogenannten Spritzmethode, bei der Zellstoff durch feine Düsen gepreßt wurde, verlassen. Der mit diesem Verfahren gewonnene Faden wurde dann unter Luftabschluß verkohlt und in eine geeignete Form gebracht.

28

Aufbau der Glühlampe

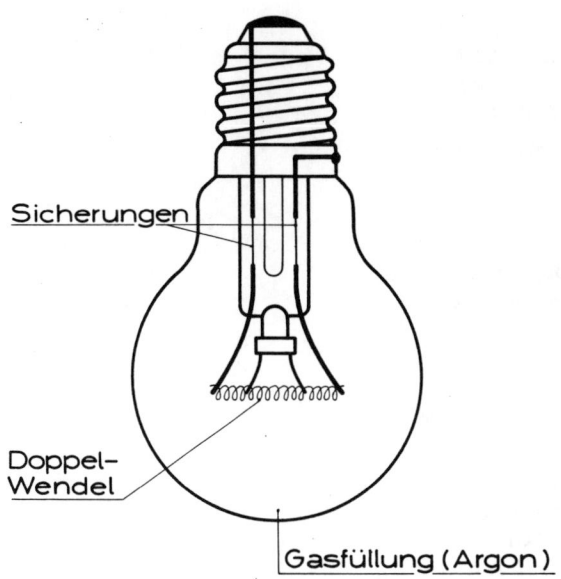

Sicherungen

Doppel-
Wendel

Gasfüllung (Argon)

Inzwischen hatte man jedoch festgestellt, daß der *Kohlefaden* doch nicht das geeignete Material für den Leuchtkörper ist, obwohl Kohle zwar einen fast unerreichbaren Schmelzpunkt hat, aber bei Temperaturen von 2000 °C schnell verdampft. Dieses hat zur Folge, daß die vom Leuchtkörper gelösten Kohleteilchen auf der Innenwand des Glaskolbens kondensieren, wobei der entstehende graue Belag eine bedeutende Lichtabnahme verursacht und die mechanische Festigkeit des Fadens schnell nachläßt. Auf der Suche nach einem geeigneten Material, mit einem hohen Schmelzpunkt, kam man nach zahlreichen Versuchen über den gespritzten Osmium-, Tantal- und Wolframdraht schließlich im Jahre 1910 auf den gezogenen Wolframdraht, der auch heute noch bei der Glühlampenfertigung Anwendung findet.

Arten der Wendel

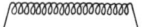

Einfachwendel

Allgebrauchslampen
15W, 500W, 1000W

Stoßfeste Glühlampen

Doppelwendel

Höhere Lichtausbeute
kleinere wirksame Oberfläche,
daher geringere Wärmeverluste

Allgebrauchslampen
25W – 300W

Reflektorlampen

Tropfenlampen

Kerzenlampen

In den ersten Lampen mit Wolframdrähten wurde der gezogene Draht über lange Strecken im Zickzack gespannt. Später – um 1913 herum ging man dazu über, den Draht schraubenförmig zu wendeln (*Einfachwendel*). Mit der Einfachwendellampe konnte man gegenüber den Lampen mit gespanntem Draht die Lichtausbeute (Lumen/Watt) wesentlich steigern. Eine weitere Erhöhung der Lichtausbeute auf etwa 12 lm/W, je nach Leistungsaufnahme, wurde 1936 mit der Einführung der *Doppelwendellampe* erreicht, wobei der einfach gewendelte Draht noch einmal gewendelt wird. Die Erhöhung der Lichtausbeute der doppeltgewendelten Lampe ist durch die kleinere wirksame Oberfläche der Wendel und die damit verbundenen geringeren Wärmeverluste des Leuchtkörpers zu erklären. Außerdem konnten auch die Abmessungen der Glaskolben verringert werden.

Gasfüllung von Glühlampen

Evakuiert-luftleer
ohne Gasfüllung
Glühlampen
bis 15 W

mit Argon gefüllt
Glühlampen
über 25 W

● Wolframteilchen
○ Gasteilchen

Bis zum Jahre 1913 gab es nur luftleer gepumpte Glühlampen. Ab dann ging man dazu über, die Lampen mit einer *Gasfüllung* zu versehen. Die Gasfüllung bestand ursprünglich aus Stickstoff, der aber bald durch das Edelgas Argon ersetzt wurde. In einer gasgefüllten Glühlampe stoßen die abfliegenden Wolframmoleküle auf Moleküle des Füllgases und werden dadurch in ihrer Bewegung aufgehalten und wieder zum Draht zurückgeworfen. Jetzt konnte die Temperatur der Wolframwendel erhöht werden. Außerdem ergab sich als weiterer Vorteil, daß die Lichtstromabnahme, bedingt durch die Schwärzung auf der Innenseite des Glaskolbens, geringer wurde. Der Glaskolben für die normalen Allgebrauchslampen hat heute noch praktisch dieselbe Birnenform, die Edison vor 100 Jahren für seine Lampen gewählt hat. Anfang der sechziger Jahre wurden die Eigenschaften der Glühlampe durch Hinzufügen von Halogenen wesentlich verbessert.

Glühlampen mit Temperatur-Kennzeichen

<u>Wo:</u> In Leuchten für explosionsgefährdete
Räume. Chemie, Bergbau, Lackiererreien.
<u>Warum:</u> Begrenzte Lampentemperatur vermeidet,
daß evtl. in die Leuchte eingedrungene
Gase sich entzünden.

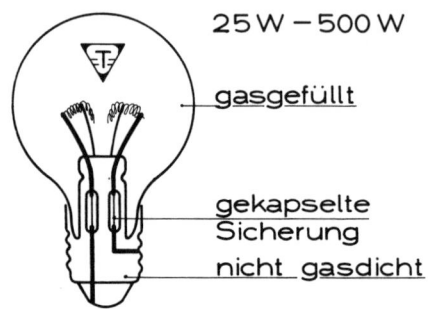

25 W − 500 W

gasgefüllt

gekapselte
Sicherung
nicht gasdicht

Zulässige Übertemperatur
nach DIN 49 810 T4
z.B. 100 W : am Sockel   : 130 K
         an der heißesten Stelle : 200 K

Glühlampen mit dem *Temperatur-Kennzeichen* sind für die Verwendung in schlag-
wetter- und explosionsgeschützten Leuchten der Schutzart „Erhöhte Sicherheit"
geeignet. Die Einsatzgebiete derartiger Leuchten liegen in explosionsgefährdeten
Bereichen, z. B. in der chemischen Industrie, im Bergbau und in Spritzlackierereien. Derartige Leuchten müssen mit Lampen bestückt werden, deren Temperatur bestimmte Grenzwerte nicht überschreitet. Hierdurch wird vermieden, daß
evtl. in die Leuchten eindringende explosionsfähige Gemische sich an den Lampen entzünden können. Um die maximal zulässigen Kolben- und Sockeltempera-
turen einhalten zu können, muß die Glühlampe so beschaffen sein, daß die
Wendel eine exakte symmetrische Lage im Kolben hat, die gewährleistet, daß ein
Mindestabstand zwischen Wendel und Kolben eingehalten wird. Darüberhinaus
sind zwei gekapselte Sicherungen eingebaut. Die Sicherungen in der Lampe vermeiden, daß bei Wendelbruch während des Betriebes die Sicherungen der Haus-
installation ansprechen. Die Kapselung der Lampensicherungen verhindert, daß
der beim Durchbrennen der Sicherung entstehende Funke explosive Gemische
entzünden kann.

Stoßfeste Glühlampen

VK = <u>V</u>erstärkte <u>K</u>onstruktion

Wo: Für rauhe Betriebsverhältnisse
Industrie, Schiffahrt, Bergbau.

 Gütezeichen der „Vereinigung zur
Güteüberwachung stoßfester
Glühlampen e.V. "

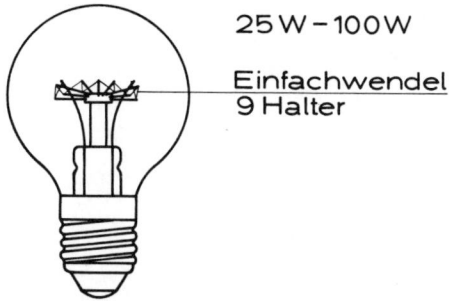

25 W – 100 W

<u>Einfachwendel</u>
9 Halter

ca. 20 % weniger Lichtstrom als
Normallampen

Für rauhe Betriebsverhältnisse bei Industrie, Schiffahrt und Bergbau sind Glühlampen erforderlich, die gegen Erschütterungen weitgehend unempfindlich sind.
Im kalten, nicht eingeschalteten Zustand ist die Wolframwendel spröde und kann
bei hohen mechanischen Schwingungen brechen. Bei einer im Betrieb befindlichen heißen Wendel besteht bei starken Erschütterungen die Gefahr, daß sich
die Windungen berühren und es zur Überbrückung einzelner Windungen kommt.
Hierdurch steigt der Strom und damit auch die Wendeltemperatur, und als Folge
verkürzt sich die Lebensdauererwartung der Lampe. *Stoßfeste Glühlampen* werden
deshalb als Einfachwendellampen gebaut, da gegenüber Doppelwendelungen die
Gefahr eines Windungsschlusses geringer ist. Darüberhinaus sind sie häufiger
gehaltert. Die von mehreren Lampenherstellern in Deutschland gegründete
„Vereinigung zur Güteüberwachung stoßfester Glühlampen e.V." hat Prüfvor-
schriften für stoßfeste Glühlampen aufgestellt. Glühlampen, die diesen Vorschriften entsprechen, sind gekennzeichnet mit einem schrägliegenden, auf eine Platte
schlagenden Hammer.

Lebensdauer von Glühlampen

ERBANLAGEN: Technologie in der Lampen-
fertigung

UMWELTEINFLÜSSE:
Versorgungsspannung
Erschütterungen

Funktionsfähigkeit = Mittlere Lebensdauer
bei Glühlampen

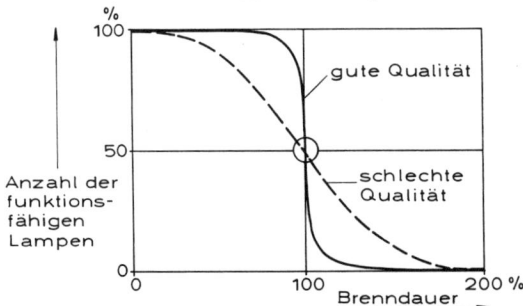

Die Lebensdauer von Glühlampen ist abhängig von dem technischen Entwicklungsstand der Fertigungsanlagen und den Materialien. Sie hängt aber auch ab von den Umwelteinflüssen, wie Versorgungsspannung und Erschütterungen, denen die Glühlampen ausgesetzt sind. Als Lebensdauerbegriff wurde für Glühlampen die *mittlere Lebensdauer* festgelegt. Die mittlere Lebensdauer ist die Zeit, die 50% aller geprüften Lampen erreichen. Sind also in einer Beleuchtungsanlage 100 Glühlampen installiert, ist der Zeitpunkt der mittleren Lebensdauer erreicht, wenn nur noch 50 Lampen funktionsfähig sind. Die Ausfallkurve der Lampen guter Qualität liegt nahe an der *100% Brenndauer-Linie,* d. h. es fallen fast alle Lampen zur gleichen Zeit aus. Lampen schlechter Qualität streuen mit ihrer Ausfallwahrscheinlichkeit viel stärker. Bei der Festlegung der mittleren Lebensdauer werden berücksichtigt: Lampen- und Energiekosten, Lichtausbeute, Leistung und Anwendung; z. B. haben Allgebrauchslampen 1000, Preßglaslampen 2000, Projektionslampen 100 und Fotoaufnahmelampen 10 Stunden mittlere Lebensdauer.

Abhängigkeit der Lebensdauer und des Lichtstromes von der Netzspannung bei Glühlampen

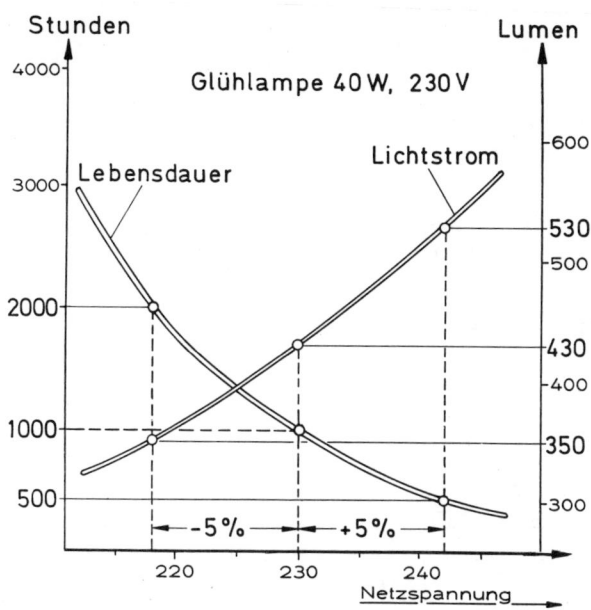

Die Allgebrauchslampen mit einer mittleren Lebensdauer von 1000 Stunden sind im allgemeinen für die Netzspannung von 230 V ausgelegt. Diese Nennspannung des Versorgungsnetzes besitzt bis zum Jahr 2003 eine Toleranz von + 6 % (243 V) und – 10 % (207 V).

Zwischen der Netzspannung, der Lebensdauer und dem Lichtstrom besteht eine Abhängigkeit. Bei steigender Netzspannung erhöht sich die Wendeltemperatur und damit die Verdampfungsgeschwindigkeit des Wolframdrahtes, wodurch ein schnelleres Durchbrennen und damit eine Lebensdauerverkürzung verbunden ist. Eine Steigerung der Netzspannung um 5 % bedeutet z. B. eine Reduzierung der Lebensdauer auf die Hälfte, d. h. 500 Stunden. Bei 5 % niedrigerer Netzspannung verdoppelt sich entsprechend die Lebensdauer auf 2000 Std. Die höhere Lebensdauer wird jedoch begleitet von einem geringeren Lichtstrom: dieser sinkt von 430 Lumen bei einer 40 W-Glühlampe auf 350 Lumen. Bei + 5 % Netzspannung steigt er von 430 Lumen auf 530 Lumen. Die Lampen sind so ausgelegt, daß ihr optimaler Betrieb bei der Spannung von 230 V gewährleistet ist.

Halogenlampen

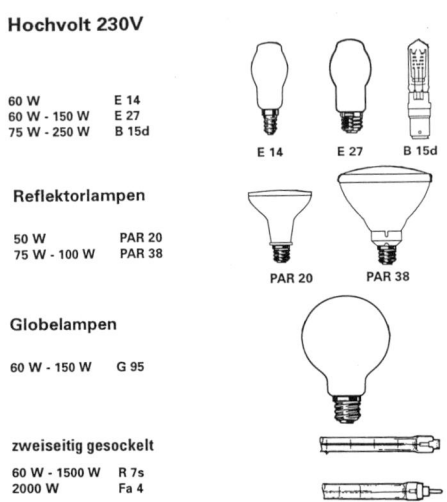

Hochvolt 230V

60 W	E 14
60 W - 150 W	E 27
75 W - 250 W	B 15d

E 14   E 27   B 15d

Reflektorlampen

50 W	PAR 20
75 W - 100 W	PAR 38

PAR 20   PAR 38

Globelampen

60 W - 150 W	G 95

zweiseitig gesockelt

60 W - 1500 W	R 7s
2000 W	Fa 4

Halogenlampen erzeugen Licht mit einer Farbtemperatur um 3000 K, einer Lichtausbeute bis 25 lm/W und einer Lebensdauer bis 3000 Stunden. Halogenlampen gibt es sowohl für 230 V als auch in Niedervoltausführung für 6, 12 und 24 V. Es stehen Halogenlampen mit E 27 bzw. E 14 Schraubsockel für 230 V mit klarem oder mattiertem Hüllkolben, in Globe-Form und als Reflektorlampen zur Verfügung. Die zweiseitig gesockelten Lampen von 60 W bis 2000 W eignen sich besonders für Flutlichtleuchten.

Weil bei Halogenlampen die Wendeltemperatur (3000 K) höher ist als bei Glühlampen (2700 K), ist der UV-Anteil größer. Durch UV-Strahlung kann beim Menschen Sonnenbrand (Erythem) entstehen. Eine Hautrötung kann nur ausgelöst werden, wenn während eines Tages eine Mindestdosis (Erythem-Schwellenwert) erreicht wird. Bei der Beleuchtung mit Halogenlampen ohne Abdeckung und bei Beleuchtungsstärken über 1000 Lux wird diese Erythemschwelle nach über 15 Stunden Bestrahlungszeit erreicht. Halogenreflektorlampen mit Frontscheiben, Halogenlampen mit Hüllkolben oder in Leuchten mit Abdeckscheiben oder mit UV-blockierendem Glas lassen diesen Schwellenwert nicht erreichen.

Freibrennende Stiftsockellampen sollten UV-absorbierendes Quarzglas in Niederdruckversion (max. 0,25 MPa) aufweisen.

36

Niedervolt-Halogenlampen

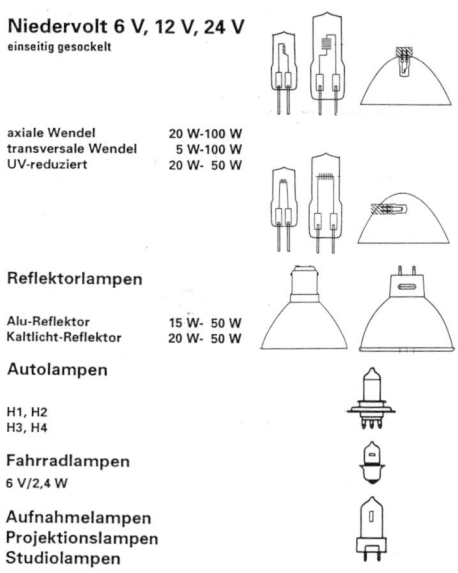

Niedervolt 6 V, 12 V, 24 V
einseitig gesockelt

axiale Wendel	20 W-100 W
transversale Wendel	5 W-100 W
UV-reduziert	20 W- 50 W

Reflektorlampen

Alu-Reflektor	15 W- 50 W
Kaltlicht-Reflektor	20 W- 50 W

Autolampen

H1, H2
H3, H4

Fahrradlampen
6 V/2,4 W

Aufnahmelampen
Projektionslampen
Studiolampen

Vorteile der Niedervolt-Halogenlampen sind die kompakte Bauform, die gute Lichtlenkung und die Möglichkeit der Herstellung kleiner, formschöner Leuchten. Niedervolt-Halogenlampen gibt es ohne Reflektor mit axialer und transversaler Wendel, je nach Art des Reflektors der verwendeten Leuchte. Außer den Halogenlampen mit Aluminium-Reflektor werden für spezielle Anwendungsgebiete Niedervolt-Halogen-Reflektorlampen mit Kaltlichtspiegel eingesetzt. Bei diesen Lampen wird bis zu 60 % der Wärme durch den infrarotdurchlässigen Spiegelreflektor nach hinten über die Leuchte abgeführt, so daß das angestrahlte Objekt einer geringeren Wärmebelastung ausgesetzt ist. Diese Lampen haben eine Farbtemperatur bis 3200 K und der „Perlmutt-Effekt" des Kaltlicht-Reflektors stellt ein zusätzliches Design-Element dar. Der Lampenwechsel soll immer im spannungslosen Zustand vorgenommen werden, da relativ hohe Ströme fließen, die beim Herausnehmen der Lampe die Fassungskontakte beschädigen können.

Im Kraftfahrzeug ist die Zweifaden-Halogenlampe H 4 für Abblendlicht und Fernlicht am bekanntesten. Auch Fahrradscheinwerfer und Taschenleuchten werden mit Halogenlampen 6 V bestückt. In Film-, Overhead- und Diaprojektoren und in Theater- und Studioscheinwerfern werden die Vorteile der Halogenlampen als Projektions- und Aufnahmelampen genutzt.

Funktion der Halogenlampen

Kreisprozeß

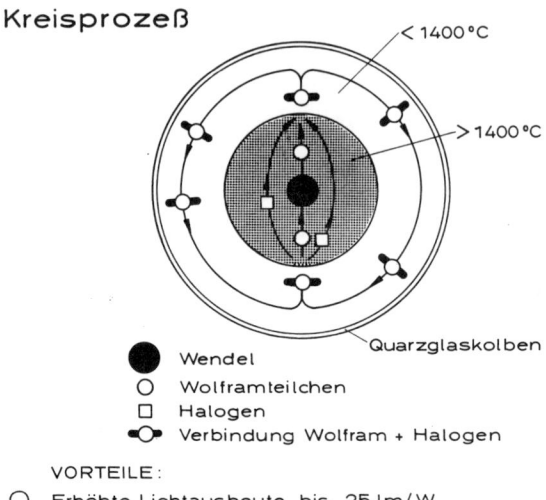

< 1400 °C

> 1400 °C

Quarzglaskolben

● Wendel
○ Wolframteilchen
□ Halogen
●○● Verbindung Wolfram + Halogen

VORTEILE:
○ Erhöhte Lichtausbeute bis 25 lm/W
○ Konstanter Lichtstrom (keine Abschwärzung)
○ kleine Abmessungen

Halogenlampen haben eine höhere Lichtausbeute und eine längere Lebensdauer als Glühlampen. Sie sind, wie Glühlampen, Temperaturstrahler, bei denen die glühende Wendel langsam verdampft, bis der Glühdraht an einer Stelle durchbrennt. Die verdampften Wolframteilchen schlagen sich an der Innenseite des Glaskolbens nieder. Dieser Effekt kann wesentlich verringert werden, wenn man den Gasdruck in der Lampe erhöht; hierfür sind kleine Kolbenabmessungen nötig. Um zu vermeiden, daß sich die verdampften Wolframteilchen an der Innenseite des Quarzglaskolbens niederschlagen, werden dem Gas Halogene zugefügt. Das verdampfte Wolfram verbindet sich bei Temperaturen um 1400 °C in der Nähe des Glaskolbens mit den Halogenatomen. Durch Konvektion gelangt die Wolfram-Halogen-Verbindung wieder in die Nähe der glühenden Wendel und zerfällt wegen der dort herrschenden hohen Temperaturen. Die Wolframatome schlagen sich auf der Wendel nieder und die Halogenatome werden für einen neuen Kreisprozeß wieder frei. Dieser Halogenkreisprozeß führt dazu, daß die Lampe während ihrer gesamten Lebensdauer einen konstanten Lichtstrom aufweist, da sich keine Abschwärzungen bilden. Eine unendliche Lebensdauer ist nicht möglich, da sich langfristig die Wolframatome nicht gleichmäßig an den Wendelstellen sammeln.

Installationshinweise für
Niedervolt-Halogenlampen

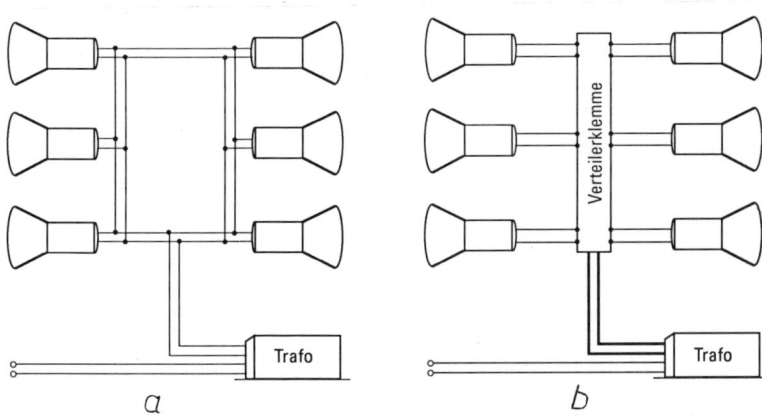

a   b

Die Betriebsstromstärke von Niedervolt-Halogenlampen ist um ein Vielfaches höher, als die von Lampen für 230 V. Daraus ergeben sich verschiedene Anforderungen an die Installation, die bei herkömmlichen lichttechnischen Installationen unberücksichtigt bleiben konnten.

Im Vergleich zu Installationen mit 230 V müssen die Leiterquerschnitte größer gewählt werden, um zu große Spannungsfälle und damit Lichtstromrückgänge zu vermeiden. Hohe Leiterströme bedingen auch erhebliche Erwärmung der Leiter. Der Spannungsfall zwischen Transformator und Lampe nimmt proportional mit der Leiterlänge und der Stromstärke zu. Bei der Installation sollten daher folgende Hinweise berücksichtigt werden.

Der Transformator sollte möglichst in der Nähe der Lampe installiert werden, um lange Zuleitungen zu vermeiden und den Spannungsfall klein zu halten. Zur Reduzierung des Spannungsverlustes eignen sich besonders Ringleitungen (a) oder Einzelleitungen (b) zu jeder Lampe. Der Transformator sollte an einer leicht zugänglichen Stelle installiert werden, um evtl. ausgefallene Sicherungen einfach ersetzen zu können. Um Brummgeräusche zu vermeiden, sollte der Transformator auf einer festen Unterlage montiert werden. Da bei Unterlast die Sekundärspannung ansteigen kann, sollte der Transformator mit Nennlast betrieben werden.

Leiterquerschnitte für Niedervolt-Halogenlampen

Licht / Leistung	− 10 %		− 20 %		− 30 %	
100 W	4	●	2,5	●	1,5	●
250 W	10	●	6	●	4	●
500 W	25	●	10	●	6	●

Erforderlicher Kupfer-Leiterquerschnitt in mm² bei 5 m Länge

Die Auswahl des Leiterquerschnittes wird bestimmt durch die noch akzeptable Lichtstromminderung, bedingt durch den Spannungsfall auf den Zuleitungen. Die zulässige Lichtstromminderung ist ein Kompromiß zwischen dem Anlagenwirkungsgrad und den Kosten für große Leiterquerschnitte. In der Praxis werden Lichtstromminderungen von 5 % bis 15 % akzeptiert.

Die Tabelle zeigt Beispiele von erforderlichen Leiterquerschnitten für verschiedene Leistungen und Lichtstromminderungen bei gegebener Länge. Darüberhinaus können alle weiteren Varianten von Lichtstromminderungen und Leiterquerschnitten aus folgender Formel berechnet werden:

$$A = \frac{2 \cdot s \cdot P}{u \cdot U^2 \cdot \kappa}$$

A = Leiterquerschnitt in mm²; s = einfache Leiterlänge in m; U = Lampen/Trafo-Nennspannung in Volt; P = Lampennennleistung in Watt; u = Spannungsfall in %/100; κ = spezifische Leitfähigkeit in m/Ωmm² (für Kupfer = 56).

Transformatoren für Niedervolt-Halogenlampen

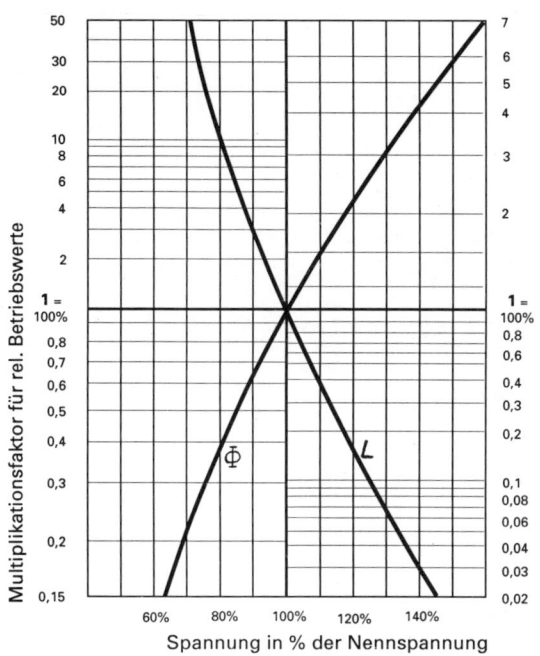

Multiplikationsfaktor für rel. Betriebswerte

Spannung in % der Nennspannung

Zum Betrieb werden Transformatoren benötigt, die die Versorgungsspannung von 230 Volt auf 6 V, 12 V bzw. 24 V transformieren. Konventionelle Transformatoren (Eisenkern mit Kupferdraht) sind schwer und haben einen relativ hohen Innenwiderstand, der Lichtstrom und Lampenlebensdauer je nach Belastung beeinflußt.

Die Transformatoren haben einen thermischen und/oder elektrischen Überlast- bzw. Kurzschlußschutz z. B. als Temperatursicherung oder Thermoschalter.

Transformatoren in Einrichtungsgegenständen, deren Brandverhalten nicht bekannt ist, müssen den Ⓦ Ⓦ-Bestimmungen entsprechen. Zum Einstellen der Helligkeit dürfen nur Dimmer mit Phasenanschnitts-Symmetrieüberwachung verwendet werden, die für diese Transformatoren geeignet sind.

Elektronische Transformatoren (Konverter) sind leichter, lastunabhängig, verlustärmer, erzeugen weniger Wärme, haben einen begrenzten Einschaltstrom und eine stabile Ausgangsspannung. Eine eingebaute elektronische Sicherung schaltet im Kurzschlußfall die Ausgangsspannung ab. Lampen an elektronischen Transformatoren werden entweder mit einem einfachen Potentiometer oder mit einem geeigneten Phasenanschnittdimmer gedimmt. Abweichungen von der Nennspannung haben großen Einfluß auf die Lebensdauer L und den Lichtstrom Φ der Halogenlampen.

Nennspannung

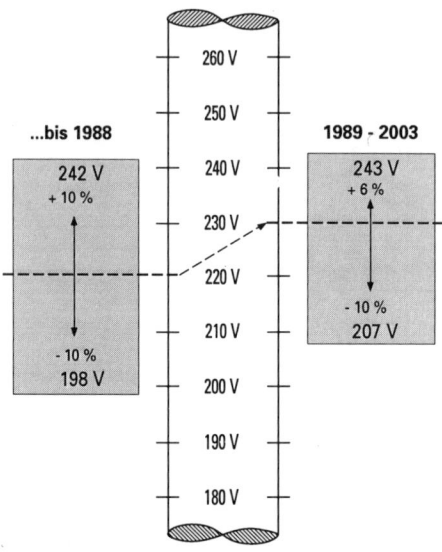

...bis 1988

242 V
+ 10 %

- 10 %
198 V

260 V
250 V
240 V
230 V
220 V
210 V
200 V
190 V
180 V

1989 - 2003

243 V
+ 6 %

- 10 %
207 V

Eine wichtige Voraussetzung für den Warenverkehr innerhalb des europäischen Marktes ist die Festlegung auf eine einheitliche Nennspannung des Versorgungsnetzes. In Deutschland und anderen europäischen Ländern wurde 1989 mit der Umstellung von Netz-Nennspannungen von 220 V/380 V mit einer Spannungstoleranz von ± 10 % auf 230 V/400 V begonnen. Bis zum Jahre 2003 gilt für die 230 V/400 V eine Übergangsfrist mit einer Spannungstoleranz von + 6 % (243 V) bis – 10 % (207 V). Danach wird die Spannungstoleranz endgültig festgelegt. Grundlage für diese Festlegung ist die DIN IEC 38, eine Norm der Elektrotechnischen Kommission, die eine einheitliche, weltweite Netz-Nennspannung von 230 V empfiehlt.

3 Energiesparlampen, Kompakt-Leuchtstofflampen, Leuchtstofflampen und elektronische Vorschaltgeräte

Energiesparlampen mit eingebautem induktivem Vorschaltgerät und Sockel E 27

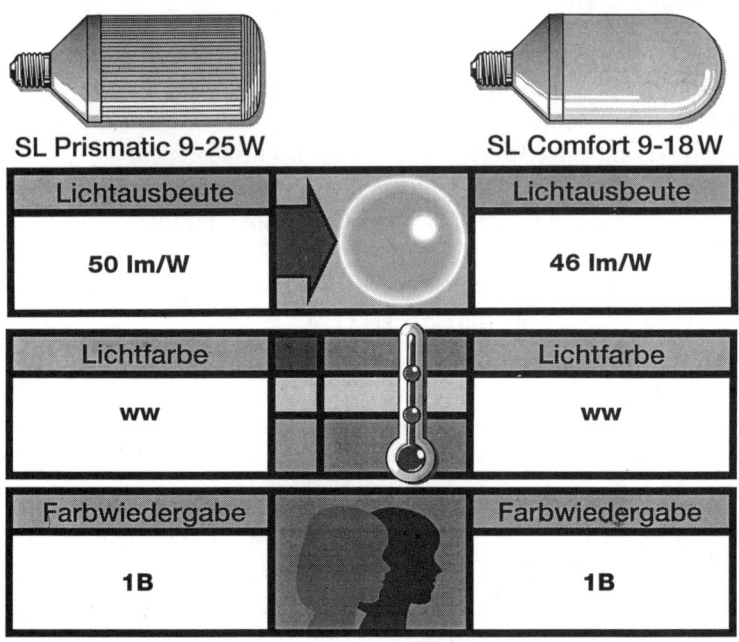

SL Prismatic 9-25 W | SL Comfort 9-18 W

Lichtausbeute		Lichtausbeute
50 lm/W		46 lm/W
Lichtfarbe		Lichtfarbe
ww		ww
Farbwiedergabe		Farbwiedergabe
1B		1B

Die entscheidenden wirtschaftlichen Nachteile der Glühlampen sind ihre geringe Lichtausbeute von nur ca. 12 lm/W, je nach Leistung, und ihre verhältnismäßig kurze mittlere Lebensdauer von 1 000 Stunden. Deshalb wurden glühlampenähnliche Lichtquellen entwickelt, die sich besonders durch eine wesentlich höhere Lichtausbeute und längere Lebensdauer auszeichnen. Die erste Energiesparlampe wurde 1981 auf den Markt gebracht. Die Lichterzeugung beruht auf dem Prinzip der bekannten stabförmigen Leuchtstofflampen, bei denen im Inneren der Lampe UV-Strahlung erzeugt wird, die durch die auf der Innenseite des Lampenrohres aufgetragene Leuchtstoffschicht in sichtbare Strahlung (Licht) umgewandelt wird. Zum Betrieb sind ein induktives Vorschaltgerät und ein Starter erforderlich. Die Energiesparlampen mit eingebautem induktivem Vorschaltgerät haben eine glühlampenähnliche Lichtfarbe mit guter Farbwiedergabeeigenschaft. Die Lampen besitzen eine Lichtausbeute von ca. 50 lm/W und haben eine Lebensdauer von 10 000 Stunden. Die SL-Lampen gibt es in prismatischer oder opalisierter Kolbenausführung mit einem maximalen Durchmesser von 64 mm. Für Beleuchtungsanlagen mit freibrennenden Lampen bzw. zur Bestückung von Leuchten, bei denen die Lampen sichtbar sind, gibt es SL-Lampen mit einem Globe-Kolben und 9 W, 13 W und 18 W Leistung. Energiesparlampen lassen sich nicht dimmen.

Energiesparlampen mit eingebautem elektronischem Vorschaltgerät und Sockel E 27, E 14

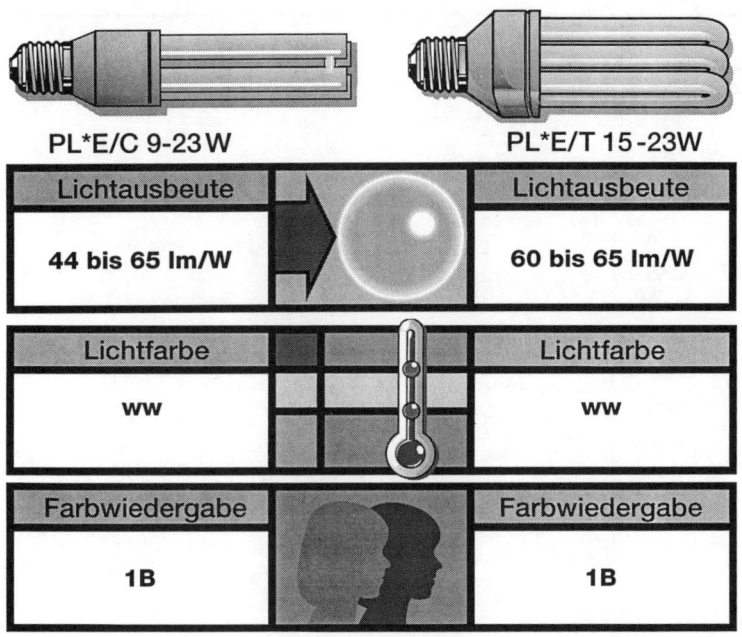

PL*E/C 9-23W

Lichtausbeute	Lichtausbeute
44 bis 65 lm/W	60 bis 65 lm/W

PL*E/T 15-23W

Lichtfarbe	Lichtfarbe
ww	ww

Farbwiedergabe	Farbwiedergabe
1B	1B

Energiesparlampen mit eingebautem elektronischem Vorschaltgerät haben gegenüber den SL-Lampen zahlreiche zusätzliche Vorteile. Die „elektronischen" Lampen haben noch höhere Lichtausbeuten, da die Vorschaltgeräteverluste geringer sind, sie zünden nach dem Einschalten sofort und flackerfrei, sie sind schaltfest wie Glühlampen, ihr Gewicht ist wesentlich geringer, ihre Abmessungen sind kompakter und sie sind auch mit dem Kerzenlampensockel E 14 verfügbar. Die Lebensdauer beträgt 10 000 Stunden, d. h. geringer Wartungsaufwand gegenüber herkömmlichen Glühlampen, insbesondere bei schwer zugänglichen Außen- und Deckenleuchten. Die schlanken PL* EC Lampen sind in den Leistungen 9 W, 11 W, 15 W, 20 W und 23 W verfügbar, wobei die 9-W- und 11-W-Lampe auch mit dem Sockel E 14 angeboten wird. Die PL* ET-Ausführung ist wesentlich kompakter und zeichnet sich durch einen fast konstanten Lichtstrom im weiten Temperaturbereich von –5 °C bis +55 °C aus, d. h. dieser Lampentyp eignet sich insbesondere für Beleuchtungsanlagen im Außenbereich. Elektronische Energiesparlampen mit Globe-Kolben werden dort eingesetzt, wo freibrennende Lampen gewünscht werden. Energiesparlampen mit elektronischem Vorschaltgerät sind nicht dimmbar.

Betriebskostenvergleich von Glühlampen und Energiesparlampen mit eingebautem Vorschaltgerät

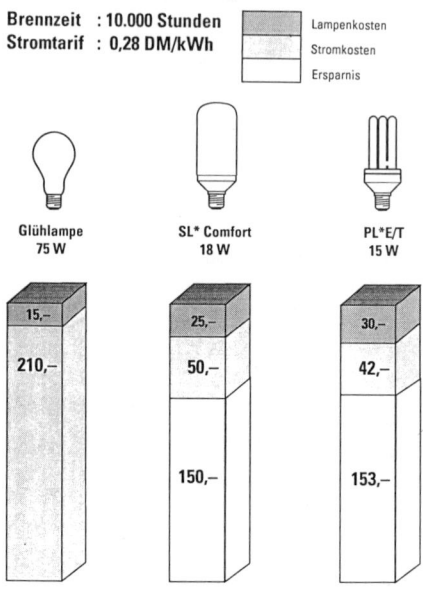

Brennzeit : 10.000 Stunden
Stromtarif : 0,28 DM/kWh

Lampenkosten
Stromkosten
Ersparnis

Glühlampe
75 W

SL* Comfort
18 W

PL*E/T
15 W

15,–	25,–	30,–
210,–	50,–	42,–
	150,–	153,–

Für eine Brennzeit von 10 000 Stunden und bei einem Stromtarif von 0,28 DM/kWh wurden verschiedene, lichtstromgleiche, alternative Lichtquellen mit der 75-W-Glühlampe verglichen. Diese verbraucht während der 10 000 Stunden für 210,– DM Strom. Da die mittlere Lebensdauer einer Glühlampe bei 1 000 Stunden liegt, werden für diese Zeit 10 Glühlampen benötigt. Addiert man die Stromkosten von 210,– DM und die Lampenkosten von 15,– DM, so belaufen sich die Betriebskosten auf 225,– DM.

Vergleicht man die Betriebskosten der gleich hellen, alternativen Lichtquellen SL 18 W und PL* ET 15 W mit einer Lebensdauer von 10 000 Stunden, so sparen diese Lampen erhebliche Betriebskosten trotz höherer Lampenpreise, insbesondere bei langen Brennzeiten. Dieses ist in erster Linie auf die wesentlich niedrigeren Stromkosten zurückzuführen. Darüberhinaus werden auch noch, besonders in gewerblichen Beleuchtungsanlagen, Kosten für das Auswechseln der Lampen eingespart.

Kompakt-Leuchtstofflampen mit Stecksockel

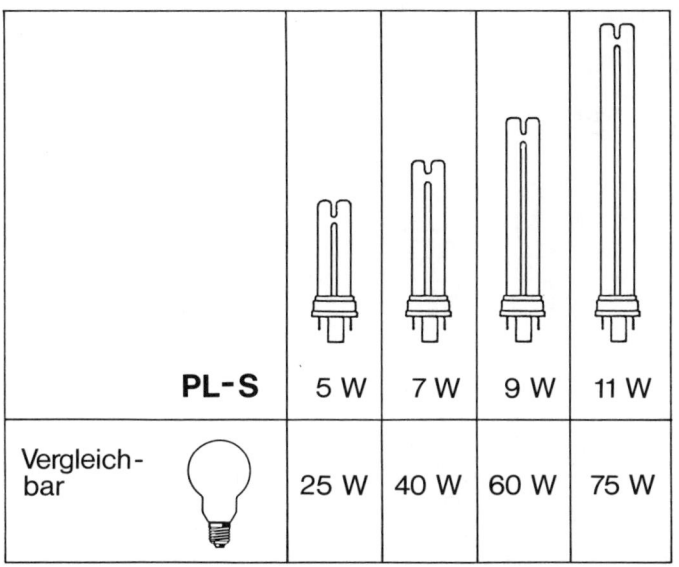

PL-S	5 W	7 W	9 W	11 W
Vergleich-bar	25 W	40 W	60 W	75 W

Für verschiedene Leuchtenarten und Anwendungsgebiete sind die Abmessungen und das Gewicht der Kompakt-Leuchtstofflampen mit eingebautem Vorschaltgerät zu groß. Ebenfalls nach dem Lichterzeugungsprinzip der bekannten Leuchtstofflampen wurden deshalb die einseitig gesockelten Leuchtstofflampen entwickelt. Diese Lichtquellen haben dünne, nebeneinanderliegende Leuchtstoffrohre, einen eingebauten Starter und den Sockel G 23. Für den Betrieb an elektronischen Vorschaltgeräten, Transistorvorschaltgeräten oder Akkus haben diese Lampen den Sockel 2 G 7, bei dem der Starter nicht integriert ist. Die Lampen geben ein glühlampenähnliches Licht ab, haben eine hohe Lichtausbeute und eine Lebensdauer von 8000 Stunden bei Betrieb an induktiven Vorschaltgeräten. Werden elektronische Vorschaltgeräte verwendet, erhöht sich die Lebensdauer auf 10000 Stunden. Die Vorschaltgeräte müssen in die Leuchte eingebaut sein. Das geringe Gewicht, die kleinen Abmessungen, die hohe Lichtausbeute und die lange Lebensdauer sind die wesentlichen Vorteile dieser Lichtquellen. Ihr Anwendungsgebiet liegt bei der Beleuchtung im Wohnbereich, in der Gastronomie und überall dort, wo eine wirtschaftliche, dekorative Beleuchtung gewünscht wird. Auch als Lichtquelle in Arbeitsplatzleuchten hat sich diese Kompakt-Leuchtstofflampe bewährt.

Kompakt-Leuchtstofflampen mit Stecksockel G 24

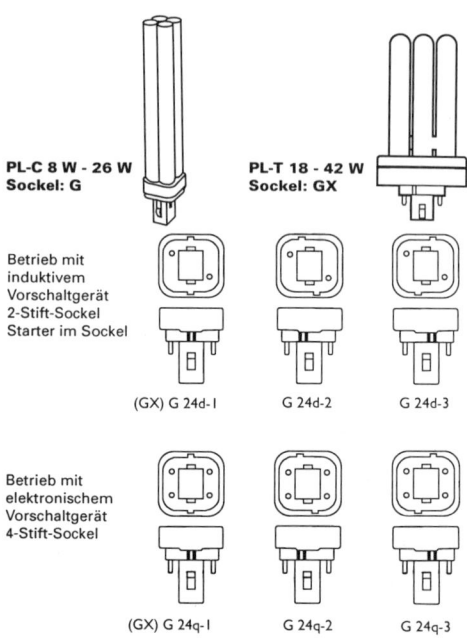

PL-C 8 W - 26 W
Sockel: G

PL-T 18 - 42 W
Sockel: GX

Betrieb mit
induktivem
Vorschaltgerät
2-Stift-Sockel
Starter im Sockel

(GX) G 24d-1   G 24d-2   G 24d-3

Betrieb mit
elektronischem
Vorschaltgerät
4-Stift-Sockel

(GX) G 24q-1   G 24q-2   G 24q-3

Besonders kompakte und zugleich lichtstromstarke Lampen werden z. B. zur Bestückung von Downlights benötigt. Bei den PL-C Lampen sind vier Leuchtstoffrohre im Quadrat angeordnet und miteinander verbunden. Eine noch geringere Gesamtlänge besitzen die PL-T Lampen mit drei gebogenen und miteinander verbundenen Leuchtstoffrohren. Die PL-C Lampen mit 2-Stiftsockel (G 24d) werden an induktiven Vorschaltgeräten, die PL-C Lampen mit 4-Siftsockel (G 24q) an elektronischen Vorschaltgeräten betrieben. Die 8-W-, 10-W- und 13-W-Ausführungen benötigen das gleiche Vorschaltgerät, die 18-W- und 26-W-Ausführung braucht jeweils das der Lampe zugeordnete Vorschaltgerät. Um ein unbeabsichtigtes Vertauschen bei der Nachbestückung zu vermeiden, sind die Lampensockel mit versetzten „Nasen" versehen (Sockelbezeichnung -1, -2, -3).

Die kompakten PL-T Lampen mit 18 W und 26 W können sowohl mit induktiven Vorschaltgeräten (2-Stiftsockel GX 24d) als auch mit elektronischen Vorschaltgeräten (Sockel GX 24q) betrieben werden. Für die 32-W- und 42-W-Ausführung sind nur elektronische Vorschaltgeräte zu verwenden. Der 4-Stiftsockel GX 24q hat einen verkürzten Sockelkasten, womit ein Verwechseln mit 2-Stiftsockel-Lampen bei der Nachbestückung vermieden wird. Die PL-C und PL-T Lampen gibt es in den Lichtfarben 827, 830 und 840.

Lichtstrom in Abhängigkeit von der Umgebungstemperatur bei Kompakt-Leuchtstofflampen

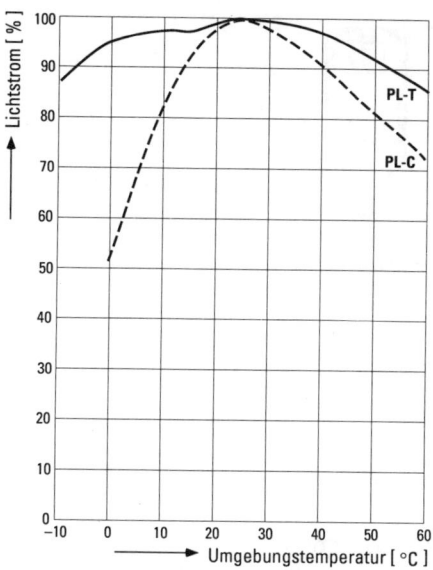

Bei zu hohem und zu niedrigem Dampfdruck, der wiederum von der Temperatur abhängig ist, geht der Lichtstrom der Kompakt-Leuchtstofflampen zurück. Da die Kolbenwandtemperatur des dünnen Lampenrohres im Vergleich zur stabförmigen Leuchtstofflampe höher ist, wird eine Dampfdruckreduzierung vorgenommen. Zwei unterschiedliche Prinzipien werden hierbei angewendet. Bei den PL-C Lampen wird das physikalische Gesetz angewandt, daß in einem geschlossenen Glasgefäß die kühlste Stelle den Gesamtdampfdruck bestimmt. Die PL-C Lampen an den äußeren Ecken des Lampenrohres ihre kühlste Stelle, die für den Dampfdruck und damit für die Höhe des Lichtstromes verantwortlich ist. Dieses Prinzip wird auch bei den PL-S, PL-L und PL* EC Lampen angewandt. Wegen der stets nach oben strömenden warmen Luft ist die Temperatur der Kühlstellen und damit der Lichtstrom auch abhängig von der jeweiligen Brennstellung der Lampen.

Die Dampfdruckreduzierung bei PL-T Lampen erfolgt nach dem gleichen Prinzip wie bei den SL-Energiesparlampen (s. S. 50). Die PL-T Lampen haben daher über dem weiten Temperaturbereich von –5 °C bis +55 °C einen fast konstanten Lichtstrom und sind deshalb auch für Außenbeleuchtungsanlagen geeignet.

Die beiden Kurven gelten für hängende Brennstellung, d. h. Sockel oben.

Lichtstrom in Abhängigkeit von der Umgebungstemperatur bei Energiesparlampen mit induktivem Vorschaltgerät

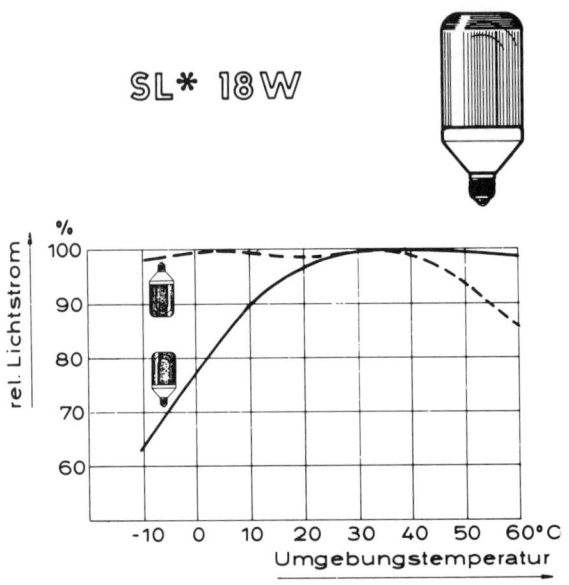

SL* 18W

Der Lichtstrom der SL-Lampe ist abhängig von der Umgebungstemperatur. Darüberhinaus spielt auch noch die Brennlage der Energiesparlampen mit induktivem Vorschaltgerät eine Rolle. Wegen des kompakten Aufbaus mit dem integrierten Vorschaltgerät und des geringen Durchmessers des Lampenrohres erwärmt sich das Lampenrohr der SL-Lampen stärker als das der stabförmigen Leuchtstofflampen. Um die Energiesparlampen über einen weiten Temperaturbereich optimal zu betreiben, wird in den SL-Lampen die Amalgamtechnik angewendet, d. h. das Lampenrohr enthält neben wenigen Milligramm Quecksilber auch etwas Indium. Hierbei wird die physikalische Eigenschaft ausgenutzt, daß der Quecksilberdampfdruck über der Quecksilber-Indiumverbindung (Amalgam) bei gleicher Temperatur geringer ist als über reinem Quecksilber.

Das Indium befindet sich in Elektrodennähe, also im unteren Teil der SL-Lampe. Da die Wärme von unten nach oben steigt, ist im hängenden Betriebszustand bei niedriger Umgebungstemperatur der Lichtstrom höher als bei stehender Lampe. Deshalb ist es sinnvoll, die SL-Lampe in Außenleuchten in hängender Brennlage zu betreiben.

Kompakt-Leuchtstofflampen mit Stecksockel 2 G 11

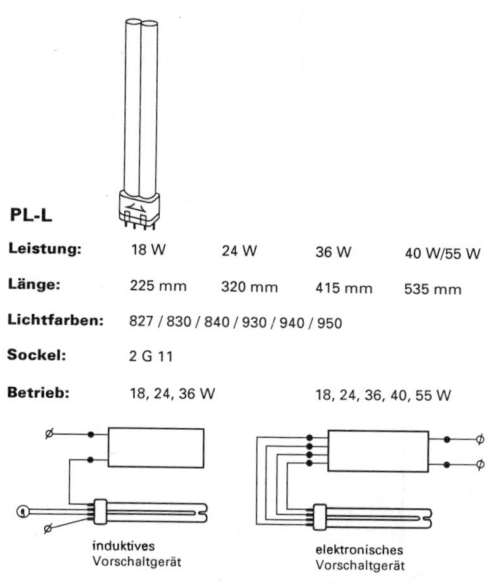

PL-L

Leistung:	18 W	24 W	36 W	40 W/55 W
Länge:	225 mm	320 mm	415 mm	535 mm
Lichtfarben:	827 / 830 / 840 / 930 / 940 / 950			
Sockel:	2 G 11			
Betrieb:	18, 24, 36 W		18, 24, 36, 40, 55 W	

induktives
Vorschaltgerät

elektronisches
Vorschaltgerät

Eine Alternative zu den bekannten stabförmigen Leuchtstofflampen stellen die Kompakt-Leuchtstofflampen 18 W bis 55 W dar. Sie sind wesentlich kürzer als die stabförmigen Leuchtstofflampen und sind damit zur Bestückung von technischen Kurzfeldleuchten in quadratischer oder rechteckiger Form geeignet, während die stabförmigen Leuchtstofflampen 36 W 1,20 m lang sind, ist die PL-L 36 W nur 0,42 m lang. Vorschaltgerät und Starter müssen in den Leuchten untergebracht sein. Genau wie bei den bekannten Leuchtstofflampen werden die Kompakt-Leuchtstofflampen 18 W bis 55 W in den Dreibanden-Lichtfarben „Warmton Extra", „Warmton" und „Weiß" gefertigt.

Für besonders hohe Anforderungen an die Farbwiedergabeeigenschaft, z. B. in Textilgeschäften, Druckereien, Museen und grafischen Betrieben, werden diese Lampen auch mit den „de Luxe" Leuchtstofflampen-Lichtfarben geliefert.

Da die Lampen einen 4-Stift-Sockel 2 G 11 besitzen, können zum Betrieb sowohl konventionelle Vorschaltgeräte mit separatem Starter als auch elektronische Vorschaltgeräte, z. B. zum Dimmen, eingesetzt werden.

Leuchtsttofflampen mit 16 mm Durchmesser

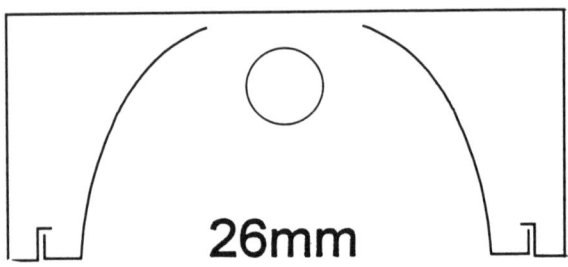

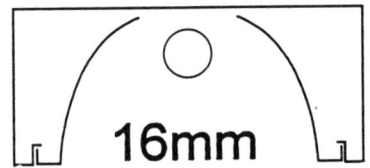

Die Reduzierung des Lampenrohr-Durchmessers bei stabförmigen Leuchtstofflampen von 26 mm auf 16 mm hat zahlreiche Vorteile: Dünnere und kürzere Leuchtstofflampen, jeweils etwa 5 cm kürzer als die entsprechenden 26-mm-Leuchtstofflampen, ermöglichen kleinere Leuchten. Sie besitzen eine hohe Lichtausbeute bis 105 lm/W.

Die 16-mm-Leuchtstofflampen, insbesondere für Beleuchtungslösungen in der Innenraumbeleuchtung, gibt es in den Leistungen 14 W, 21 W, 28 W und 35 W. Die Leuchtstofflampen haben den Sockel G 5 und sind in den Lichtfarben 827, 830, 840 und 865, in der Farbwiedergabestufe 1B verfügbar. Der Betrieb erfolgt grundsätzlich nur an elektronischen Vorschaltgeräten. Auf Grund des geringeren Durchmessers und damit höheren Rohrwandtemperaturen liegt der optimale Lichtstrom bei 35 °C Lampenumgebungstemperatur. An einem Lampenende befindet sich eine Kühlzone, geschaffen durch einen größeren Abstand der Elektrodenwendel zum Sockel; hier sollte die optimale Umgebungstemperatur vorhanden sein.

Funktion der Leuchtstofflampe

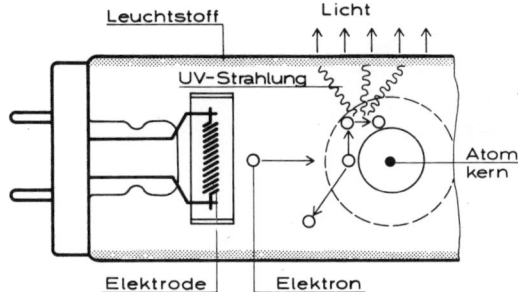

Quecksilberdampf Niederdruck

Leuchtstofflampen arbeiten mit Quecksilberdampf niedrigen Druckes. An den Enden der Lampe befinden sich die Elektroden aus Wolframdraht, der mit einem Emitter überzogen ist, um den Austritt der Elektronen in den Entladungsraum zu erleichtern. Die Elektronen treffen auf ihrem Weg im Entladungsrohr auf Quecksilberatome; dabei wird ein Elektron des Quecksilberatoms angeregt. Die aufgenommene Stoßenergie gibt es in Form von UV-Strahlung wieder ab, die vom Leuchtstoff in Licht umgewandelt wird.

Zur Strombegrenzung ist ein induktives oder elektronisches (EVG) *Vorschaltgerät* erforderlich. Als Zündhilfe beim induktiven Vorschaltgerät dient ein *Starter*. Wird die Lampe eingeschaltet, fließt zunächst Strom durch den Starter, in dem eine Glimmentladung hervorgerufen wird. Diese erzeugt Wärme, die im Starter befindlichen Elektroden aus Bimetall biegen sich zusammen und schließen den Kontakt. Der Strom fließt jetzt durch die beiden Elektroden der Leuchtstofflampe und bringt diese zum Glühen. Die Glimmentladung im Starter hört auf, das Bimetall kühlt ab und öffnet wieder den Kontakt. Hierbei entsteht ein plötzlicher Spannungsstoß im Vorschaltgerät, der die Lampe zündet. Elektronische Vorschaltgeräte erzeugen zum Betrieb der Leuchtstofflampen Frequenzen zwischen 25 und 75 kHz; der Startvorgang ist im EVG integriert.

Schaltungen von Leuchtstofflampen bei Betrieb an 50 Hz

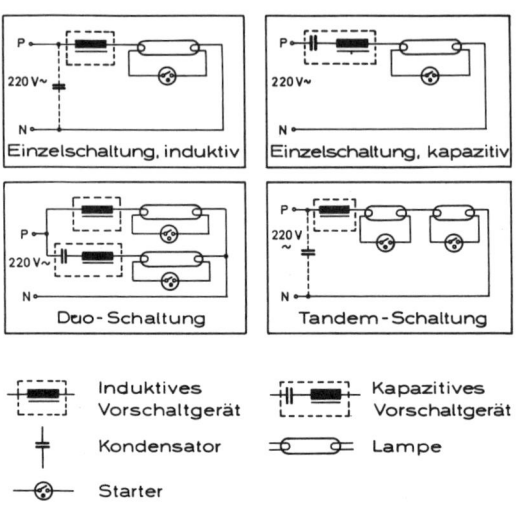

Zum Betrieb von Leuchtstofflampen benötigt man ein Vorschaltgerät und bei induktiven VG einen Starter. Die Leuchtstofflampe hat eine negative Charakteristik, d. h. bei steigendem Strom sinkt die Spannung; die Lampe würde also immer mehr Strom aufnehmen, bis sie schließlich zerstört wird, wenn nicht vorher die Haussicherung anspricht. Um dies zu vermeiden, wird mit Hilfe eines Vorschaltgerätes der Strom begrenzt. Darüberhinaus hat das Vorschaltgerät die Aufgabe, die erforderliche Zündspannung zu liefern. Als strombegrenzende Geräte gibt es ohmsche Widerstände, z. B. Glühlampen, induktive Widerstände – auch *Drosselspulen* genannt –, kapazitive Widerstände (Kombination Drosselspule/Kondensator) und elektronische Vorschaltgeräte. Ohmsche Vorschaltgeräte werden nicht verwendet, weil sie unwirtschaftlich sind. Bei den induktiven Vorschaltgeräten haben aufgrund ihrer geringen Verluste die verlustarmen Vorschaltgeräte (VVG) die weitaus größte Bedeutung. Kapazitive Vorschaltgeräte werden in Einzelschaltung und in Duoschaltung – eine Lampe mit induktivem und eine Lampe mit kapazitivem Vorschaltgerät – eingesetzt, um den Leistungsfaktor cos φ in die gewünschte Nähe von 1 zu bringen. Mit Hilfe der *Tandemschaltung* können zwei Leuchtstofflampen an einem Vorschaltgerät betrieben werden. Beim Betrieb von Leuchtstofflampen an Hochfrequenz werden elektronische Vorschaltgeräte verwendet.

54

Spektrum der Dreibandenleuchtstofflampe

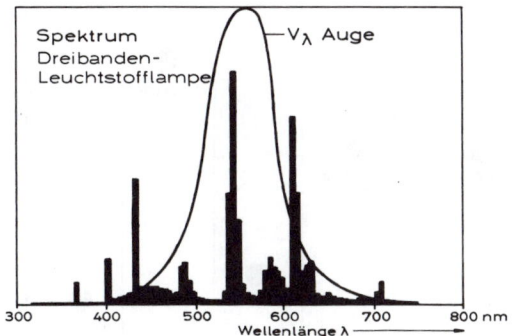

Die angeregten Quecksilberatome innerhalb des Glasrohres erzeugen im wesentlichen eine für den Menschen unsichtbare Ultraviolettstrahlung (UV-Strahlung). Diese wird durch die auf der Innenseite des Lampenrohres aufgetragene *Leuchtstoffschicht* in sichtbare Strahlung umgewandelt. Die chemische Zusammensetzung des Leuchtstoffs bestimmt die Eigenschaft der Leuchtstofflampen wie: Lichtausbeute, Lichtstromkonstanz während der Brenndauer, Lichtfarbe und Farbwiedergabeeigenschaft. Die wirtschaftlichsten Leuchtstofflampen sind die *Dreibandenleuchtstofflampen,* sie haben eine hohe Lichtausbeute (bis 93 lm/W) und eine gute Farbwiedergabeeigenschaft nach DIN 5035 Stufe 1 B. Das Spektrum einer solchen Lampe hat drei besonders stark ausgeprägte Spektralbereiche im blauen, grünen und roten Bereich, daher auch der Name Dreibandenleuchtstofflampe. Je nach Mischungsverhältnis gibt es diese Lampen mit Lichtfarben Tageslicht (6500 K), Weiß (4000 K), Warmton (3000 K) und Warmton-Extra (2700 K). Die $V(\lambda)$-Kurve gibt an, wie empfindlich das Auge bei den verschiedenen Wellenlängen ist.

Lichtausbeute und Farbwiedergabeeigenschaften von Leuchtstofflampen

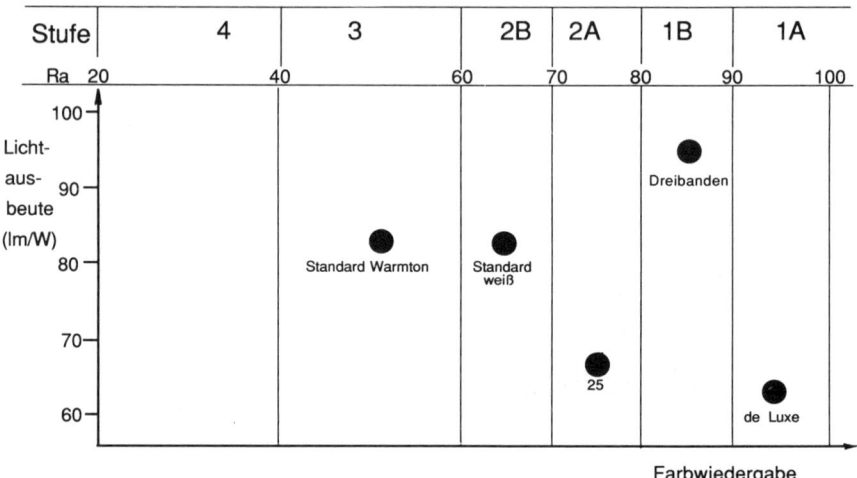

Die *Wirtschaftlichkeit* einer Lampe hängt vom Verhältnis abgestrahlter Lichtstrom (Lumen) zu aufgenommener Leistung (Watt) ab: Die Lichtausbeute (lm/W). Die Farbwiedergabeeigenschaft von Lampen ist in der DIN 5035 Teil 1 „Beleuchtung mit künstlichem Licht" in sechs Stufen eingeteilt. In Stufe 1A sind Lampen mit besonders guten Farbwiedergabeeigenschaften, wie z. B. de Luxe-Leuchtstofflampen, mit den Lichtfarben Warmton-Extra, Warmton, Weiß und Tageslicht. Die gleichen Lichtfarben gibt es bei den Dreibanden- und Kompakt-Leuchtstofflampen (Stufe 1B). Noch gute Farbwiedergabeeigenschaften hat die Leuchtstofflampe mit der Lichtfarbe 25 Weiß. Mäßige Farbwiedergabeeigenschaften haben die Leuchtstofflampen mit den Standard-Lichtfarben Weiß (2B) und Warmton (3). Leuchtstofflampen in der Farbwiedergabestufe 4 gibt es nicht. De Luxe-Leuchtstofflampen werden eingesetzt, wo feinste Farbnuancen erkannt werden müssen, z. B. Museen, Ausstellungen, Textil-und Lederwarenverkauf; ihre Lichtausbeute liegt bei 65 lm/W. Dreibandenleuchtstofflampen sind am wirtschaftlichsten wegen ihrer hohen Lichtausbeute. Die Standard-Lichtfarben Warmton und Weiß sind wegen ihrer mäßigen Farbwiedergabeeigenschaft nur dort einsetzbar, wo es auf das Erkennen von Farben nicht entscheidend ankommt, z. B. Lagerhallen, Grobindustrie, Straßenbeleuchtung.

Kennzeichnung der Lichtfarbe von Leuchtstofflampen und Kompakt-Leuchtstofflampen

Lichtfarbe	Farbwiedergabestufe nach DIN 5035	Herstellerbezeichnung		
		Philips	Osram	Sylvania
Warmton Extra de Luxe	1A	927	—	—
Warmton Extra*	1B	827	827	827
Warmton de Luxe	1A	930	930	930
Warmton*	1B	830	830	830
Warmton	3	29	30	129
Weiß de Luxe	1A	940	940	940
Weiß*	1B	840	840	840
Universalweiß	2A	25	25	125
Weiß	2B	33	20	133
Tageslicht de Luxe	1B	950	950	—
Tageslicht*	1B	865	860	860

handschriftliche Anmerkungen am Rand:
ww { — Warm weiß (bei Warmton-Zeilen)
nw { — neutral weiß (bei Weiß-Zeilen)
tw { — tageslicht weiß (Farbprüfung) (bei Tageslicht-Zeilen)

* Dreibanden-Leuchtstoff

Zur Kennzeichnung der unterschiedlichen Leuchtstofflampen-Lichtfarben hat die Lampenindustrie für die Dreibanden-Leuchtstofflampen und die de-Luxe-Leuchtstofflampen eine einheitliche Kennzeichnung der Lichtfarben eingeführt. Aus der dreiziffrigen Kennzeichnung kann die Lichtfarbe und Farbwiedergabeeigenschaft der jeweiligen Leuchtstofflampe oder Kompakt-Leuchtstofflampe abgelesen werden. Die erste Ziffer gibt einen Hinweis auf die Farbwiedergabeeigenschaft. Die „8" z. B. sagt aus, daß die Farbwiedergabeeigenschaft im Bereich Farbwiedergabeindex R_a zwischen 80 und 89 liegt.

De-Luxe-Leuchtstofflampen mit R_a-Werten zwischen 90 und 100 haben die „9" als erste Ziffer. Die zweite und dritte Ziffer kennzeichnet die Farbtemperatur: 27 für glühlampenähnlich (2700 K), 30 für Warmton (3000 K), 40 für Weiß (4000 K), 65 für Tageslicht (6500 K).

Eine Dreibandenleuchtstofflampe mit warmer Lichtfarbe hat z. B. die Lichtfarben-Kennzeichnung „830". Die Standard-Leuchtstofflampen mit niedriger Lichtausbeute und schlechter Farbwiedergabe haben keine einheitliche Lichtfarben-Kennzeichnung.

Leuchtstofflampen-Lichtfarben für verschiedene Anwendungsgebiete

Farbwiedergabestufe	warmweiß					neutralweiß				tageslichtweiß	
	927 1A	827 1B	930 1A	830 1B	29 3	940 1A	840 1B	25 2A	33 2B	950 1A	865 1B
Lebensmittelverkauf		x		●		●					
Bäckerei		●		●							
Schlachterei						●					
Sport-,Spielwaren				●		●					
Textilien, Lederwaren		●	●	x		●	x				
Büro, Klassenraum				●		●					
Sitzungszimmer		●		●							
Sporthalle				●		●					
Museum		x	●			●				●	
Gaststätte	●	●									
Wohnung	●	●									
Straße					●				●		
Werkstatt						●		x	x		
Lager						●			x		
Grafisches Gewerbe						●				●	x
Kosmetik, Friseur	●	x	●	x		●	x				

● = bevorzugt anwenden

Für die unterschiedlichen Anwendungsgebiete werden auch verschiedene Anforderungen an die Lichtfarbe und Farbwiedergabeeigenschaft von Leuchtstofflampen gestellt. Die Lichtfarben der Leuchtstofflampentypen werden mit Zahlen gekennzeichnet. Nach der DIN 5035 Teil 1 „Beleuchtung mit künstlichem Licht" gibt es Lampen mit warmweißer, neutralweißer und tageslichtweißer Lichtfarbe. Diese haben jeweils unterschiedliche Farbwiedergabeeigenschaften, die im wesentlichen das Anwendungsgebiet bestimmen. Leuchtstofflampen mit warmweißer Lichtfarbe werden dort eingesetzt, wo eine behagliche, glühlampenähnliche Lichtfarbe gewünscht wird. Die neutralweißen Leuchtstofflampen, deren Lichtfarbe zwischen dem natürlichen Tageslicht und dem gewohnten Glühlampenlicht liegt, ist für Arbeitsräume, in denen eine vorwiegend sachliche Atmosphäre herrschen soll, bestimmt. Die tageslichtweißen Lichtfarben mit ihrer bläulich-weißen Lichtfarbe kommen für allgemeine Beleuchtungszwecke nur selten in Frage. Die mit einem ● gekennzeichneten Lichtfarben sind denen mit einem X versehenen Lichtfarben vorzuziehen.

Lebensdauer von Leuchtstofflampen

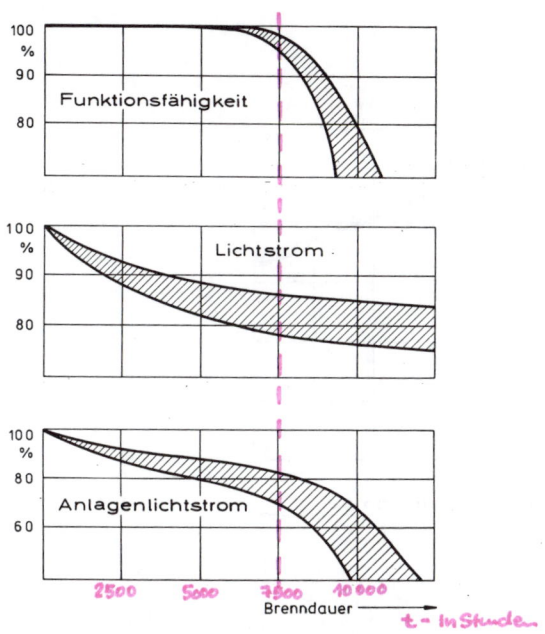

Zur Bestimmung der Lebensdauer von Leuchtstofflampen wird der Begriff Nutzlebensdauer verwendet. Bei Glühlampen, Halogenglühlampen und Energiesparlampen wird dagegen die mittlere Lebensdauer angegeben.

Die Nutzlebensdauer berücksichtigt die nicht mehr funktionsfähigen Leuchtstofflampen in einer Anlage, die z. B. durch Wendelbruch ausgefallen sind, und den Lichstromrückgang, der durch die Ermüdung des Leuchtstoffes und die Verschmutzung bedingt ist. Der sich hieraus ergebende Anlagenlichtstrom darf einen bestimmten Mindestwert (80%) nicht unterschreiten.

Die Leuchtstoffe der Dreibandenleuchtstofflampen haben einen besonders geringen Lichtstromrückgang während ihrer Brenndauer; er beträgt etwa maximal nur noch 5%, sodaß mit einer Nutzlebensdauer von etwa 10000 Stunden bei Betrieb an induktiven Vorschaltgeräten und etwa 15000 Stunden bei Verwendung von elektronischen Vorschaltgeräten gerechnet werden kann. Da die Funktionsfähigkeit, der Lichtstromrückgang und damit der Anlagenlichtstrom von der Art des Leuchtstoffes, von der Leistungsaufnahme und Lichtfarbe der Lampe abhängt, wurden hierfür in den Skizzen schraffierte Bereiche angegeben.

Lichtstrom in Abhängigkeit von der Umgebungstemperatur bei Leuchtstofflampen

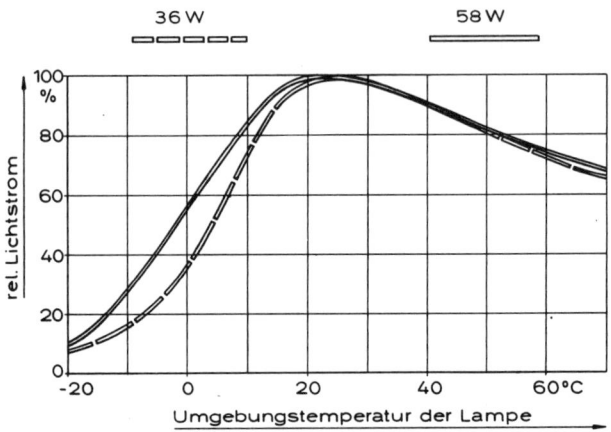

Der in den Listen der Lampenhersteller angegebene Lichtstrom für Leuchtstofflampen bezieht sich auf eine *Umgebungstemperatur* von ca. 25° C. Werden die Leuchtstofflampen bei höheren oder aber auch bei niedrigeren Umgebungstemperaturen betrieben, sinkt ihr Lichtstrom. Bei hohen Umgebungstemperaturen steigt der Dampfdruck innerhalb des Entladungsrohres und bewirkt, daß die Selbstabsorption der UV-Strahlung zunimmt, wodurch zusätzliche Verluste bei der Entladung entstehen. Bei zu geringem Dampfdruck, als Folge einer zu niedrigen Umgebungstemperatur, werden zu wenig Quecksilberatome in der Entladung angeregt, so daß hierdurch ebenfalls der Lichtstrom zurückgeht. Für Außenbeleuchtungsanlagen sind deshalb in den Wintermonaten Leuchtstofflampen nur dann akzeptabel, wenn sie in Leuchten montiert sind, die eine höhere Umgebungstemperatur als die Außentemperatur schaffen. Die 58-Watt-Leuchtstofflampen verhalten sich bei niedrigen Umgebungstemperaturen günstiger als die 36-Watt-Ausführungen.

Energiebilanz der Leuchtstofflampe

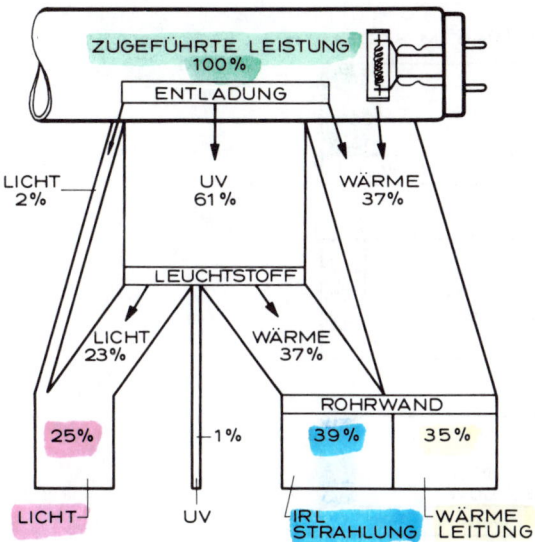

IRL = Infra Rot Licht

Das Schema zeigt die verschiedenen Energieformen, in welche die zugeführte elektrische Leistung gewandelt wird. Die angegebenen Werte sind Durchschnittswerte, da sie abhängig sind von der Stromdichte, dem Quecksilberdampfdruck und dem Leuchtstoff. Von den 100% zugeführter Leistung werden 2% unmittelbar in sichtbares Licht umgesetzt und 61% in unsichtbare Ultraviolettstrahlung (UV) hauptsächlich mit der Wellenlänge 254 nm. Der Rest von 37% ist Verlust: Elektroden-, Wand- und Volumenverluste, die sich als Wärme an der Rohrwand zeigen. Die 61% Leistung in Form von Ultraviolettstrahlung, die auf den Leuchtstoff trifft, ergeben etwa 23% sichtbares Licht und 37% Wärme; etwa 1% der UV-Strahlung tritt direkt aus der Leuchtstofflampe aus. Von den 74% Leistung, die insgesamt als Wärme auf die Rohrwand gelangen, werden 39% als Infrarotstrahlung und 35% durch Wärmeleitung und Konvektion an die Umgebung abgegeben.

Vorschaltgeräte für Leuchtstofflampen

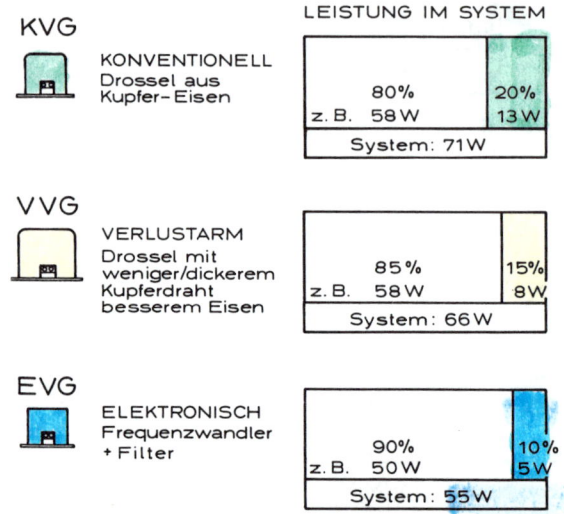

KVG

KONVENTIONELL
Drossel aus
Kupfer-Eisen

VVG

VERLUSTARM
Drossel mit
weniger/dickerem
Kupferdraht
besserem Eisen

EVG

ELEKTRONISCH
Frequenzwandler
+ Filter

LEISTUNG IM SYSTEM

80%
z. B. 58 W

20%
13 W

System: 71 W

85%
z. B. 58 W

15%
8 W

System: 66 W

90%
z. B. 50 W

10%
5 W

System: 55 W

Aufgrund ihrer negativen Strom-Spannungs-Kennlinie benötigen Leuchtstofflampen Geräte zur Strombegrenzung. Hierfür wurden bisher hauptsächlich konventionelle Drosselspulen, bestehend aus einem Eisenkern, umwickelt mit Kupferdraht, verwendet. Der Strom einer 1,5 m langen Leuchtstofflampe mit 58 W Lampenleistung verursacht zusätzlich in der Drossel eine Verlustleistung von ca. 13 W. Im System Lampe/Vorschaltgerät werden also 71 W verbraucht. Weniger Leistung wird benötigt, wenn das konventionelle Vorschaltgerät (KVG) ersetzt wird durch ein verlustarmes Vorschaltgerät (VVG). Die Reduzierung der Verluste von 13 W auf 8 W in dem Beispiel einer 1,5 m langen Leuchtstofflampe wurden durch die Verwendung von weniger und dickerem Kupferdraht sowie besserem Eisen möglich. Höhere Einsparungen an elektrischer Energie (bis zu 25 %) werden durch die Verwendung von elektronischen Vorschaltgeräten (EVG) möglich. Bei etwa gleichem Lichtstrom reduziert sich die Systemleistung (Lampe + Vorschaltgerät) auf 55 W. Die elektronischen Vorschaltgeräte arbeiten bei einer Frequenz zwischen 25 und 75 kHz und haben zur Verminderung von Netzrückwirkungen, z. B. durch Oberwellen, ein Filter.

Leuchtstofflampen in Hochfrequenzbetrieb

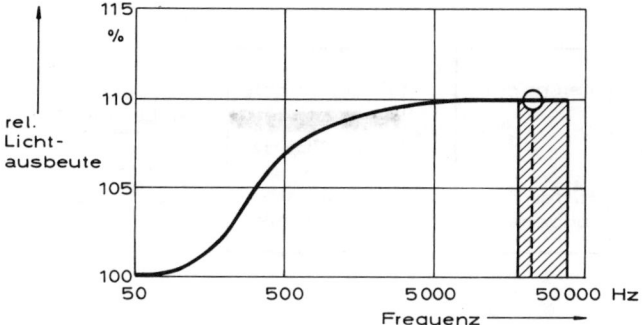

Elektronische Vorschaltgeräte haben niedrigere Verluste als induktive, darüberhinaus steigt mit zunehmender Betriebsfrequenz die Lichtausbeute der Leuchtstofflampe. Gegenüber dem Betrieb mit 50 Hz ergibt sich ab etwa 10 kHz ein Lichtausbeutegewinn in der Größenordnung von 10%, da die Verluste in der Übergangszone Katode/Entladungsstrecke (Katodenverluste) bei höheren Frequenzen kleiner sind als bei der Netzfrequenz von 50 Hz. Die hierdurch entstehende höhere Lichtausbeute kann in zweierlei Hinsicht genutzt werden: Entweder kann bei gleicher Lampenleistung wie bei 50 Hz (z. B. 58 W) ein höherer Lichtstrom erzeugt werden, oder es wird in etwa der gleiche Lichtstrom wie bei 50 Hz bei verminderter Leistungsaufnahme der Lampe erzeugt. Da der Lichtstrom pro Lampe bei den Dreibanden-Leuchtstofflampen ausreichend hoch ist, wird zweckmäßigerweise die Lampe mit weniger als 58 W betrieben, z. B. mit 50 W bzw. statt 36 W mit 32 W, statt 18 W mit 16 W.

Funktion des elektronischen Vorschaltgerätes für Leuchtstofflampen

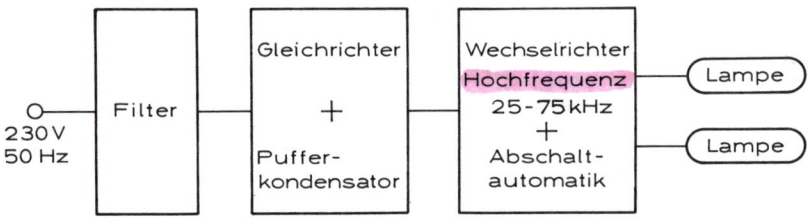

Bei dem *elektronischen Vorschaltgerät* wird zunächst die Netzspannung 230 V, 50 Hz gleichgerichtet und geglättet. Die entstandene Gleichspannung wird dann in eine Wechselspannung je nach Fabrikat zwischen 25 und 75 kHz umgeformt, die über Stabilisierungsglieder die Leuchtstofflampen versorgt. Zur Verminderung von Netzrückwirkungen durch Oberwellen, Unterdrückung von Funkstörungen und zum Schutz der elektronischen Bauteile vor Schaltspannungsspitzen aus dem Netz ist ein Filter vorgeschaltet. Der Gleichrichter besteht aus einer Dioden-Brücken-schaltung, die die Netzwechselspannung in eine Gleichspannung umwandelt und einen Pufferkondensator auflädt. Der Halbleiter-Wechselrichter wandelt die Gleichspannung in die hochfrequente Wechselspannung um, an der eine oder aber auch zwei Leuchtstofflampen betrieben werden. Wenn die Lampen nicht zünden, schaltet eine Abschaltautomatik nach 2 Sekunden die Lampenversorgung ab. Nach Ersatz der schadhaften Lampe ist das elektronische Vorschaltgerät sofort wieder betriebsbereit.

Technische Vorteile des Hochfrequenzbetriebes von Leuchtstofflampen

- ○ Geringe VG-Verluste
- ○ Höhere Lichtausbeute der Lampen
- ○ Flackerfreier Start
- ○ Kein Starter
- ○ Kein stroboskopischer Effekt
- ○ Leistungsfaktor nahezu 1
- ○ Lebensdauer EVG ca. 50.000 Stunden
- ○ Dimmen möglich (Spezial-EVG)

Zusätzlich zu dem wirtschaftlichen Vorteil hat der Betrieb von Hochfrequenz-Leuchtstofflampen an elektronischen Vorschaltgeräten noch zahlreiche weitere technische Vorzüge. Die Lampen starten nach dem Einschalten sofort und flackerfrei, da die Schaltung ohne den bei konventionellen Vorschaltgeräten erforderlichen Glimmstarter arbeitet. Netzspannung und Netzstrom liegen beim EVG praktisch in Phase, der Leistungsfakor ist nahezu 1; ein zusätzlicher Kompensationskondensator kann also eingespart werden.

Der Betrieb mit Gleichspannung ist im Bereich von 200 V bis 310 V möglich.

EVG in Sonderausführung enthalten ein Dimm-Modul. Es verändert die Frequenz im Hochfrequenz-Teil und senkt dadurch die Leistungsaufnahme der Lampen und damit ihren Lichtstrom von 100% bis 10% ab. Aufgrund von Berechnungen ist bei EVG eine Ausfallrate von 1% pro 4000 Betriebsstunden zu erwarten, wenn die Temperatur am vorgegebenen Meßpunkt am Gehäuse $+65\,°C$ nicht überschreitet.

Ermittlung der „pay-back-Zeit" einer Beleuchtungsanlage mit elektronischem Vorschaltgerät

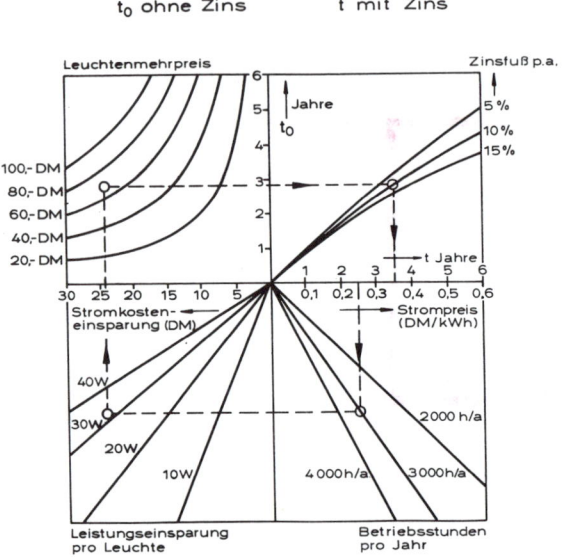

Mit Hilfe eines Diagramms kann die pay-back-Zeit einer Beleuchtungsanlage mit einem elektronischen Vorschaltgerät (EVG) z. B. in einer zweilampigen Leuchte ermittelt werden. Für das eingezeichnete Beispiel gilt: Stromtarif 0,25 DM/kWh, jährliche Betriebsdauer der Beleuchtungsanlage 3000 Stunden.

Bei Verwendung von zweilampigen Leuchten, bestückt mit 1,5 m langen Leuchtstofflampen, beträgt die Systemleistung (Lampe + Vorschaltgeräteverlust) mit EVG 2 x 55 W = 110 W, mit konventionellem Vorschaltgerät (KVG) 2 x 71 W = 142 W. Die Leistungseinsparung pro Leuchte ist dann 32 Watt. Bei einem angenommenen Leuchtenmehrpreis von 70 DM ergibt sich eine pay-back-Zeit von $t_0 = 2,9$ Jahre. Wird die Verzinsung der Mehrkosten mit einem Zinsfuß von 10% berücksichtigt, so ergibt sich die pay-back-Zeit zu $t = 3,5$ Jahre. Nach Ablauf der pay-back-Zeit spart die Anlage mit EVG Stromkosten.

4 Entladungslampen

Hochdruck-Quecksilberdampflampe und Mischlichtlampe

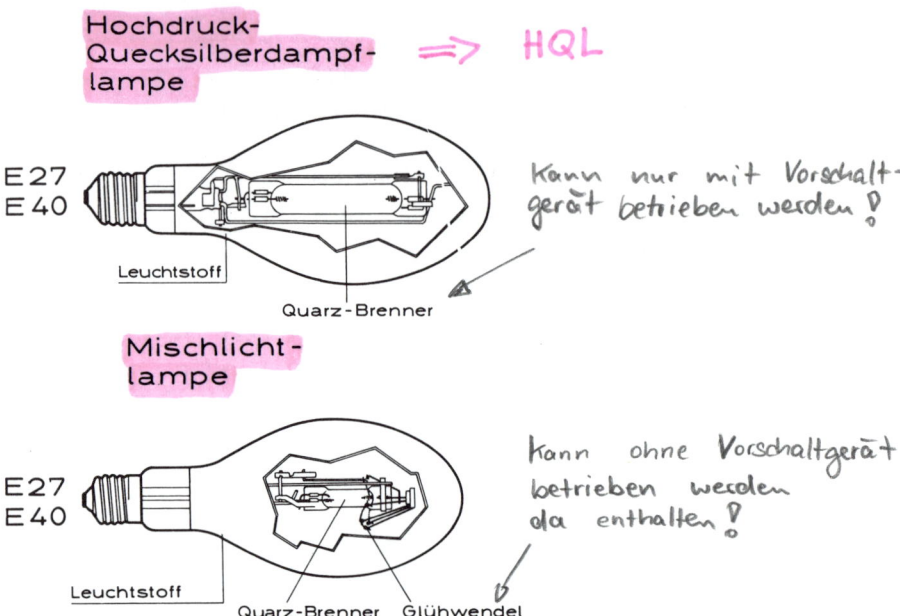

Hochdruck-
Quecksilberdampf-
lampe ⟹ HQL

E 27
E 40

Leuchtstoff

Quarz-Brenner

Kann nur mit Vorschalt-
gerät betrieben werden!

Mischlicht-
lampe

E 27
E 40

Leuchtstoff

Quarz-Brenner   Glühwendel

Kann ohne Vorschaltgerät
betrieben werden
da enthalten!

Hochdruck-Quecksilberdampflampen werden in den Leistungsstufen 50 bis
1 000 W hergestellt. Sie benötigen ein Vorschaltgerät. Die Zündung erfolgt über
Hilfselektroden, die an jedem Ende des Brenners neben den Hauptelektroden iso-
liert angebracht und über einen Widerstand mit der Hauptelektrode des Gegen-
pols verbunden sind. Zwischen Hilfs- und Hauptelektrode entsteht nach dem Einschalten zunächst eine Hilfsentladung, die die Entladungsstrecke ionisiert. Nach
dem Zünden fließt der Strom nur zwischen den Hauptelektroden. Der Lampen-
kolben ist innen mit einem Leuchtstoff beschichtet, der die im Brenner entstehende UV-Strahlung absorbiert und das Spektrum der Entladung vor allem im roten
Bereich ergänzt (Farbwiedergabestufe 3). Aufgrund ihrer relativ geringen Lichtausbeute (36 – 58 lm/W) geht die Anwendung dieser Lampenart zugunsten der
Hochdruck-Natriumdampflampen stark zurück.

Mischlichtlampen stellen eine Kombination aus Hochdruck-Quecksilberdampf-
lampe und Glühlampe dar. Eine Glühlampenwendel, die zur Lichterzeugung bei-
trägt und als Vorschaltgerät dient, und ein Quecksilberbrenner sind hintereinan-
dergeschaltet und zusammen in einem Außenkolben untergebracht. Sie benötigen
kein Vorschaltgerät. Die Lichtausbeute ist deutlich niedriger, weil die Glühwendel
relativ viel Leistung bei wenig Lichtstrom verbraucht.

Hochdruck-Metallhalogendampflampe

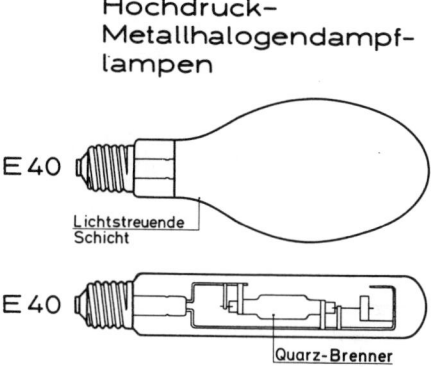

Hochdruck-
Metallhalogendampf-
lampen

E 40

Lichtstreuende
Schicht

E 40

Quarz-Brenner

Hochdruck-Metallhalogendampflampen sind eine Weiterentwicklung der Hoch-druck-Quecksilberdampflampen. Durch Zusätze von Halogenverbindungen ver-schiedener Metalle oder seltener Erden erhöht sich die Lichtausbeute (bis 95 lm/W) und verbessert sich die Farbwiedergabeeigenschaft (Stufe 1A und 2B). Die Lampen gibt es mit einem Ellipsoidkolben in den Leistungen von 250 W bis 1000 W, in Röhrenform von 250 W bis 2000 W. Als zweiseitig gesockelte Ausfüh-rung stehen auch Lampen kleinerer Leistung, z. B. 70 W, 150 W zur Verfügung. Da die Zündspannung von Hochdruck-Metallhalogendampflampen höher als die Netzspannung ist, wird außer dem Vorschaltgerät noch ein Zündgerät benötigt. Die Hochdruck-Metallhalogendampflampen höherer Leistung werden vorwie-gend in der Sportstättenbeleuchtung – innen und außen – und in hohen Hallen, z. B. in der Industrie eingesetzt. Die Lampen niedriger Leistung und die zweiseitig gesockelten Ausführungen eignen sich z. B. zur Beleuchtung von Verkaufsräumen und Schaufenstern.

Hochdruck- und Niederdruck-Natrium-dampflampen

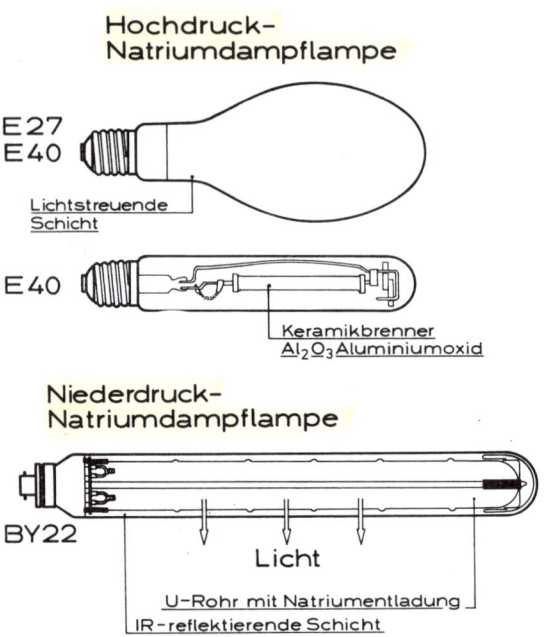

Hochdruck-
Natriumdampflampe

E 27
E 40

Lichtstreuende
Schicht

E 40

Keramikbrenner
Al₂O₃ Aluminiumoxid

Niederdruck-
Natriumdampflampe

BY 22

Licht

U-Rohr mit Natriumentladung
IR-reflektierende Schicht

Hochdruck-Natriumdampflampen werden mit Ellipsoidkolben und in Röhrenform in den Leistungen von 50 W bis 1000 W gefertigt. Der transparente Keramikbrenner, der widerstandsfähig gegen die Aggressivität des Natriums ist, strahlt eine warmweiße Lichtfarbe ab (Farbwiedergabestufe 4, Comfort-Ausführung Stufe 2 B). Die Lampe benötigt zum Betrieb ein Vorschaltgerät und Zündgerät, ihre Lichtausbeute ist etwa doppelt so hoch wie die der Hochdruck-Quecksilberdampflampen (bis zu 130 lm/W). Die Hochdruck-Natriumdampflampe findet in immer stärkerem Maße Einsatz bei der Beleuchtung von Straßen, Freiflächen, Containerterminals, Sportplätzen, Industriehallen und zur Belichtung in der Pflanzenaufzucht.

Niederdruck-Natriumdampflampen werden in den Leistungsstufen zwischen 18 und 180 W hergestellt. Der U-förmige Brenner ist in einem Außenkolben, der zur Wärmeisolierung eine Infrarot (IR)-reflektierende Schicht besitzt, untergebracht. Die Lampe zeichnet sich dadurch aus, daß sie die höchste Lichtausbeute aller Lichtquellen besitzt. Aufgrund ihrer monochromatischen Strahlung durchdringt sie besonders gut Dunst und Nebel. Sie findet Verwendung in der Straßen-, Hafen-, Tunnelbeleuchtung und im Objektschutz.

Hochdruck-Natriumdampflampen für die Akzent-, Innen- und Außenbeleuchtung

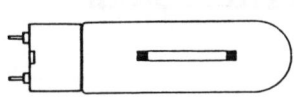

**Hochdruck-Natriumdampflampen
SDW-T, 35 W, 50 W, 100 W**

- warmweiße Lichtfarbe
- konstante Lichtfarbe durch Stabilisierung
- gute Farbwiedergabe Ra ≥ 80
- kein UV
- auch für offene Leuchten
- beliebige Brennstellung

Besonders warmes Licht ohne ausbleichende UV-Strahlung liefert die weiße Hochdruck-Natriumdampflampe SDW-T in den Leistungsstufen 35, 50 und 100 W. Die Lichtausbeute liegt bei 40 bis 50 lm/W, also 3 bis 4 mal so hoch wie bei vergleichbaren Glühlampen. Die Lichtfarbe bleibt über die Brenndauer von 5.000 Stunden konstant, die Farbwiedergabestufe ist 1B; dies wird durch einen erhöhten Natriumdampfdruck in der Lampe erreicht. Die Brennstellung ist beliebig. Zum Betrieb benötigen die Lampen ein Vorschaltgerät und ein elektronisches Zünd- und Stabilisierungsgerät.

Das Hauptanwendungsgebiet dieser Lichtquelle liegt in der dekorativen Akzent-beleuchtung, z. B. im Verkaufsraum, im Schaufenster oder in Ausstellungsräumen.

In der Außenbeleuchtung, z. B. in historischen Straßenleuchten werden die SDW-T-Lampen mit mattiertem Glaskolben zur Verringerung der Leuchtdichte eingesetzt.

Hochdruck-Metallhalogendampflampen
kleiner Leistung

Konstante Lichtfarbe der Mastercolour

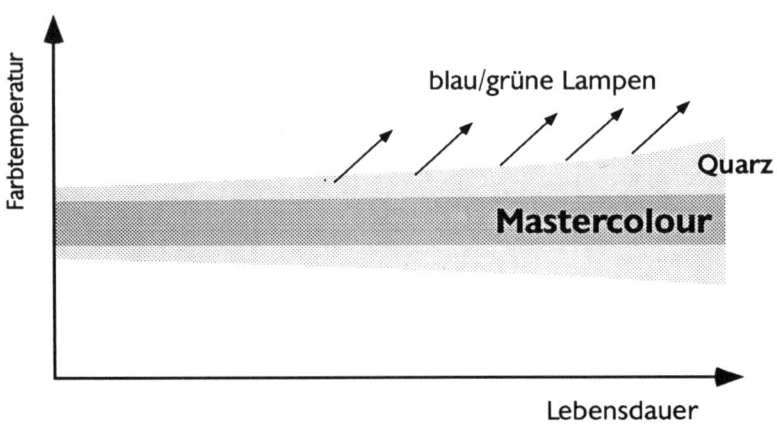

Für die Akzent- und Allgemeinbeleuchtung in Schaufenstern, Verkaufs- und Ausstellungsräumen werden Hochdruck-Metallhalogendampflampen mit Leistungen von 35 W bis 400 W eingesetzt. Die Lampen gibt es einseitig (MHN-T bzw. CDM-T) und zweiseitig gesockelt (MHN-TD bzw. CDM-TD) mit weißer oder warmer Lichtfarbe. Zum Betrieb ist ein Vorschalt- und Zündgerät oder ein elektronisches Vorschaltgerät erforderlich. Hochdruck-Metallhalogendampflampen MHN besitzen Brenner aus Quarzglas, bei denen unterschiedliche Lichtfarben im Neuzustand und Farbveränderungen während der Brenndauer auftreten können.

Bei den Hochdruck-Metallhalogendampflampen CDM (Mastercolour) werden Brenner aus transparentem keramischem Material verwendet. Dieser Brenner kann mit sehr engen Toleranzen gefertigt werden, so daß die Dotierung der verschiedenen Inhaltsstoffe exakter erfolgen kann und damit gleiche Lichtfarben im Neuzustand vorhanden sind. Außerdem wird durch den keramischen Brenner vermieden, daß während der Brenndauer Natrium aus der Entladung austritt und somit Farbverschiebungen auftreten. Die CDM-Lampen gibt es auch in Reflektorlampen-Ausführung.

D1 Mikro-Gasentladungslampe (MPL) für Kraftfahrzeugscheinwerfer

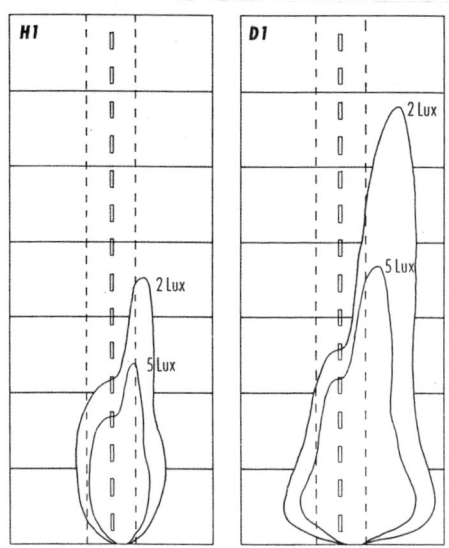

Zur Erhöhung der Sicherheit und für den Bau kleinerer, flacherer Scheinwerfer wurde die D1-Autolampe entwickelt. Im Gegensatz zu den üblichen Halogenlampen wird das Licht der D1 durch eine Gasentladung erzeugt.

Für Zündung, Versorgung und Regelung wird ein Regel- und Steuergerät eingesetzt. Die D1-Lampe hat sehr geringe Abmessungen, so daß sich ihr Licht besonders gut bündeln läßt. Im Vergleich zur H1-Halogenlampe mit einer Leistung von 55 W nimmt die D1-Lampe 35 W (mit Vorschaltgerät 43 W) auf; ihr Lichtstrom beträgt 3000 lm, doppelt so viel wie bei der H1-Autolampe. Daher können Straßenränder und angrenzende Bereiche besser beleuchtet werden. Das Bild zeigt links die Ausleuchtzone der H1-, rechts die der D1-Lampe.

Die Farbtemperatur liegt bei 4500 K, eine helle, neutralweiße Lichtfarbe. Im Laufe eines „Autolebens" muß die D1-Lampe aufgrund ihrer hohen Lebensdauer von ca. 2000 Std. nicht ausgewechselt werden. Zum Vergleich haben H4-Lampen eine Lebensdauer von 300 Std.

Mit Hilfe des elektronischen Zünd- und Stabilisierungsgerätes ist das Licht praktisch sofort nach dem Einschalten vorhanden; der volle Lichtstrom steht nach wenigen Sekunden zur Verfügung. Nach kurzem Abschalten zündet die Lampe sofort wieder.

Funktion des QL-Induktions-Lichtsystems

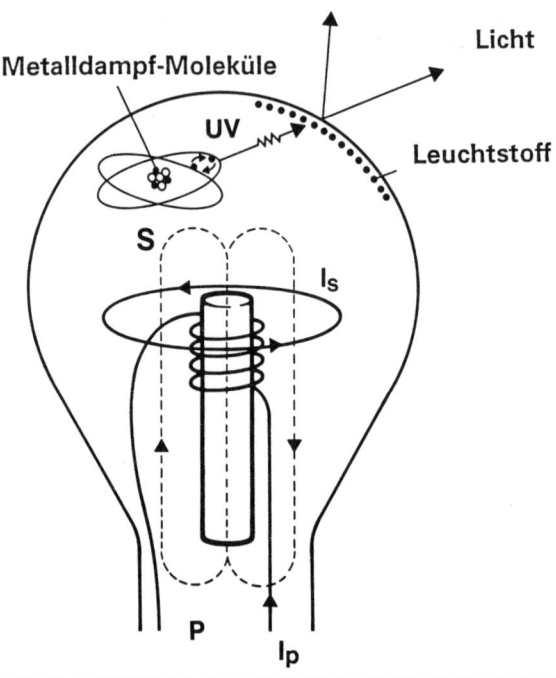

Das QL-Induktions-Lichtsystem ist eine neue Art der Lichterzeugung. Hierbei werden zwei bekannte physikalische Prinzipien miteinander kombiniert: die elektromagnetische Induktion und die Gasentladung.

In einem elektronischen Betriebsgerät wird ein Hochfrequenzstrom (2,65 MHz) erzeugt. Dieser fließt durch eine Primärwicklung, induziert ein elektromagnetisches Feld im Füllgas und verursacht damit eine Ionisierung, die eine UV-Strahlung erzeugt. Diese wird durch die innerhalb des Glaskolbens aufgetragene Leuchtstoffschicht in Licht umgewandelt.

Da diese Lampen keine Komponenten besitzen, die dem Verschleiß unterliegen, wie Glühwendeln oder Elektroden hängt ihre Lebensdauer von der Lebensdauer der elektronischen Bauelemente ab. Das QL-Induktions-Lichtsystem hat eine extrem lange Lebensdauer von 60 000 Stunden.

Die Lampen zünden sofort flackerfrei bis $-20\,°C$ und geben ein Licht mit warmweißer (3 000 K) oder neutralweißer (4 000 K) Lichtfarbe mit guter Farbwiedergabe ($R_a \geqq 80$) ab. Das QL-Induktions-Lichtsystem hat eine Leistungsaufnahme von 85 W mit einem Lichtstrom von 6 000 lm bzw. 55 W mit 3 500 lm. Die Brennstellung ist beliebig.

Beleuchtungslösungen mit dem QL-Induktions-Lichtsystem

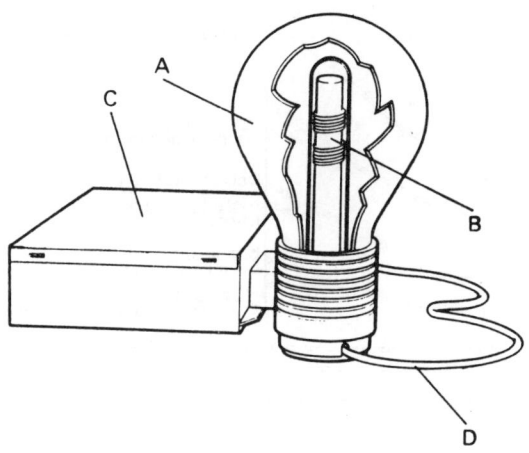

Das QL-Induktions-Lichtsystem besteht aus der Lampe (A), der Antenne (B), dem Hochfrequenzgenerator (C) und dem abgeschirmten Kabel (D). Es ermöglicht die Lösung spezieller, insbesondere architektonischer Beleuchtungsaufgaben, die bisher nur schwer realisiert werden konnten. Wegen der langen Lebensdauer des QL-Induktions-Lichtsystems eignet es sich deshalb für die Beleuchtung von Betrieben, in denen rund um die Uhr gearbeitet wird, oder für Projekte, bei denen die Beleuchtungsanlagen für Wartungszwecke schwer zugänglich sind; hiermit werden erhebliche Kosten eingespart.

Auf Grund der Elektronik ist die QL-Lampe unempfindlich gegenüber Spannungsschwankungen. Weitere Eigenschaften sind: Flackerfreier Sofortstart in kaltem und warmem Zustand und Wiederzünden bei vollem Lichtstrom; häufiges Ein- und Ausschalten hat keinen Einfluß auf die Lebensdauer; kein stroboskopischer Effekt, daher gefahrloser Betrieb in Industriehallen mit schnell laufenden Maschinen. Die beliebige Brennstellung ermöglicht großen Spielraum bei der Konstruktion von Leuchten. Gleichstrombetrieb ist möglich.

Entwicklung der Lichtausbeuten von Lampen

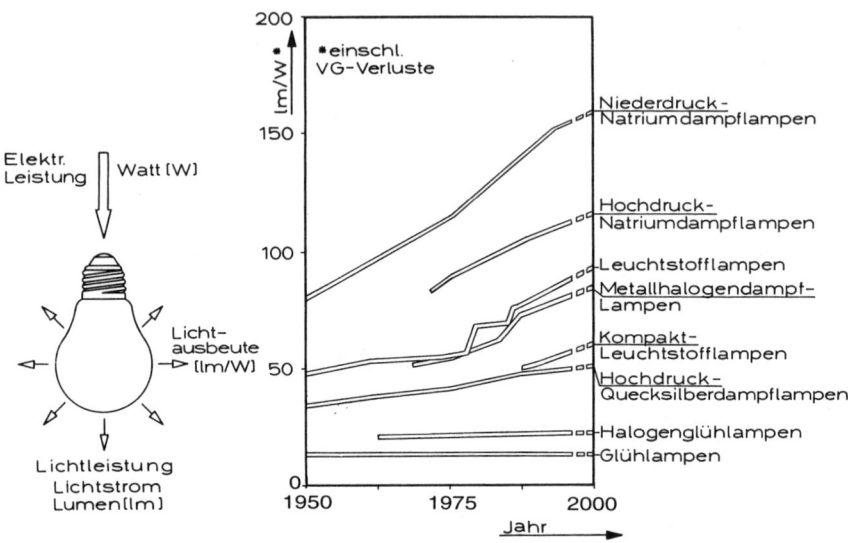

Die Darstellung zeigt die Entwicklung der Lichtausbeuten der wichtigsten Lampen während der letzten 40 Jahre. Die Lichtausbeute in lm/W gibt an, wieviel Lichtstrom in Lumen (lm) pro zugeführter elektrischer Leistung in Watt (W) in einer Lampe erzeugt wird. Sie ist ein Maß für die Wirtschaftlichkeit der Lichtquelle. Da alle Entladungslampen zum Betrieb ein Vorschaltgerät benötigen, das ebenfalls elektrische Leistung aufnimmt, sind die Verluste der Vorschaltgeräte der Entladungslampen bei der Angabe der Lichtausbeute mit berücksichtigt. Die zum Teil starke Steigerung der Lichtausbeuten, insbesondere bei den Entladungslampen ist auf eine verbesserte Technik bei der Lampe selbst, durch die Verwendung neuer Leuchtstoffe und durch den Einsatz von elektronischen Vorschaltgeräten, die geringere Verluste aufweisen, zurückzuführen. Die Lichtausbeute ist bei allen Lampen abhängig von der Lampenleistung; die angegebenen Werte der Lichtausbeute gelten für eine mittlere Lampenleistung der jeweiligen Lampenart.

Schwarzlichtlampen

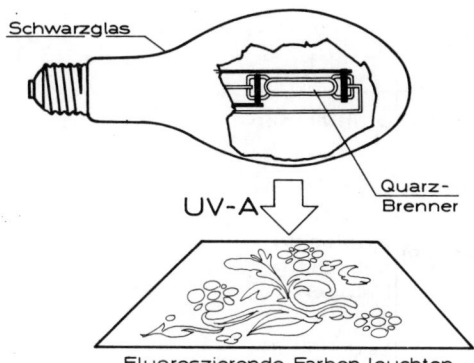

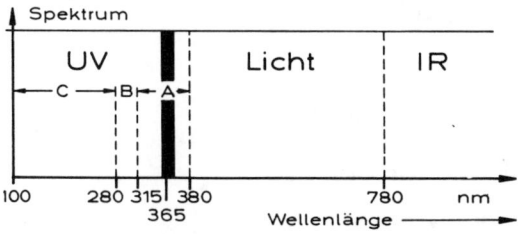

Die *Schwarzlichtlampen* gibt es mit Ellipsoidkolben und als Leuchtstofflampen-ausführung. Entweder im Hochdruck-Quecksilberdampfbrenner oder im Leucht-stofflampen-Entladungsrohr wird die für den Menschen unsichtbare UV-Strah-lung erzeugt. Das Spezialglas des Kolbens bzw. des Entladungsrohres läßt die UV-A-Strahlung im Bereich von 365 nm durch, absorbiert jedoch die sichtbare Strah-lung. Es gibt eine Reihe von Materialien, die die Eigenschaft haben, die auftref-fende UV-Strahlung in sichtbares Licht umzuwandeln; man nennt diesen Vor-gang *Lumineszenz*. Diese effektvolle Wirkung wird z. B. auf Bühnen im Theater oder aber bei Parties zu Hause genutzt. Weitere Anwendungen dieser Lampen fin-det man im Bereich der chemischen Analysen, in der Kriminalistik zum Erkennen von Fälschungen bei Banknoten, Briefmarken, Unterschriften sowie bei der Lebensmitteluntersuchung.

Sockelbezeichnungen nach DIN 49726

1. Buchstabe: Sockelkonstruktion
2. Zahl   : Abmessung

	Sockel	Lampen
B 15 :	Bajonettsockel 15mm ø	Glühlampen
E 27 :	Schraubsockel 27mm ø	Glühlampen
FA 4 :	Einzeln herausragender zylindrischer Stift 4mm ø	zweiseitig gesockelte Halogen-glühlampen
G 13 :	Sockel mit 2 oder mehreren heraus-ragenden Kontaktteilen 13 mm Abstand	Leuchtstoff-lampen
G 23 :	23 mm Abstand	PL 5-11 W
G 11 :	11 mm Abstand	PL 18-36 W
G 24d-1:	24 mm Abstand d = diagonal 1-3: Lage der Führungsnase	PLC

Die Anzahl der gebräuchlichen Sockelarten hat sich, insbesondere durch die zunehmende Anwendung der Kompakt-Leuchtstofflampen, erhöht.

Die Lampensockel und die entsprechenden Fassungen werden mit einem oder mehreren Buchstaben, denen eine Nummer folgt, bezeichnet. Diese Bezeichnungsart gibt präzise Aussagen über den Teil des Sockels, der für seine Austauschbarkeit in der Fassung wichtig ist. Der Buchstabe bzw. die Buchstaben kennzeichnen die Sockelkonstruktion in folgender Verschlüsselung: z. B. bedeutet B – Bajonettsockel, E – Schraubsockel, F – Sockel mit einem einzeln herausragenden Kontaktteil, G – Sockel mit zwei oder mehreren herausragenden Kontaktteilen.

Die Zahl nach dem Buchstaben bezeichnet den ungefähren Wert der wichtigsten Abmessung des Sockels in Millimeter. Zum Beispiel bedeutet B 15 – der Durchmesser der Hülse beträgt 15 mm, E 27 – der Außendurchmesser des Schraubgewindes ist 27 mm, G 23 – der Kontaktteilabstand ist 23 mm.

Ein kleiner Buchstabe nach der Zahl wie z. B. d bedeutet diagonale Anordnung der Stifte. Eine Zahl nach dem Bindestrich gibt Auskunft z. B. über Schlitze, Führungsnasen oder andere Elemente, die für den Sitz oder für die Unverwechselbarkeit wichtig sind.

5 Leuchten und Beleuchtungsberechnungen

Anforderungen an Leuchten

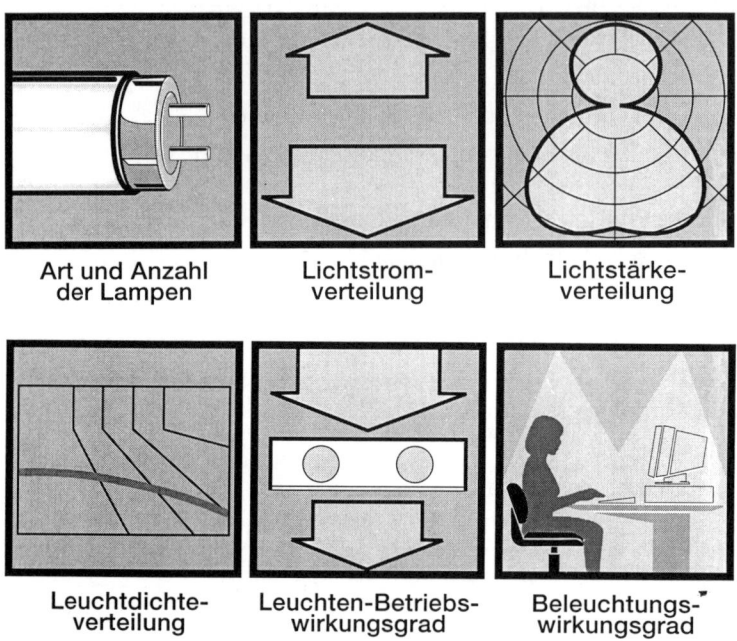

Art und Anzahl der Lampen   Lichtstrom-verteilung   Lichtstärke-verteilung

Leuchtdichte-verteilung   Leuchten-Betriebs-wirkungsgrad   Beleuchtungs-wirkungsgrad

Eine *Leuchte* soll die erforderlichen Lampen aufnehmen und elektrisch mit der Stromquelle verbinden, das Licht der eingesetzten Lampen lenken und verteilen, sich leicht installieren und warten lassen und ansprechend aussehen. Aus der *Lichtstromverteilung* entnimmt man, wieviel Prozent des Lichtstromes der Lampen in den oberen und unteren Halbraum abgestrahlt werden. Die *Lichtstärkeverteilung,* charakterisiert durch die Lichtverteilungskurve, bestimmt die Art der Beleuchtung, z. B. Indirekt-, Halbindirekt- oder Direktbeleuchtung. Die Lenkung des Lichtstromes der Lampen erfolgt im wesentlichen durch Spiegelelemente, Prismen oder Raster. Gleichzeitig dienen die Lenkungselemente als Abschirmung der Lampen, um störende Blendung zu vermeiden. Die *Leuchtdichteverteilung* beeinflußt die Sehbedingungen und dient zur Beurteilung der Direktblendung in einer Beleuchtungsanlage. Der Leuchten-Betriebswirkungsgrad gibt an, wieviel Prozent des in den Lampen erzeugten Lichtstromes aus einer Leuchte abgestrahlt wird. Der *Beleuchtungswirkungsgrad* gibt an, wieviel Prozent des in den Lampen erzeugten Lichtstromes auf die Nutzebene fällt. Er wird zur Berechnung der mittleren Beleuchtungsstärke benötigt.

Aufschriften auf Leuchten

 Überprüfung Sicherheit
Betriebsverhalten
durch VDE - Prüfstelle

Überprüfung Sicherheit
Betriebsverhalten
durch VDE - Prüfstelle oder TÜV

Überprüfung Begrenzung der
Störstrahlung,
Störspannung auf dem
durch VDE - Prüfstelle   Netz

I P Schutzarten gegen Eindringen
von Fremdkörpern und Feuchte

Schutzklassen Schutz gegen elektrischen Schlag

I   Schutzleiter

II ▫   Zusätzliche Isolierung - kein Schutzleiter

III ⟨Ⅲ⟩ Schutzkleinspannung max. 50 V

Leuchten sind elektrische Geräte, mit denen auch Nichtfachleute in Berührung kommen. Die sicherheitstechnischen Anforderungen erstrecken sich deshalb auf die mechanische und elektrische Sicherheit der Leuchte. Die Überprüfung der Sicherheit erfolgt durch die VDE-Prüfstelle oder durch den TÜV. Die VDE-Prüfstelle prüft, unabhängig von der Sicherheitsprüfung, ob die im Funkschutzgesetz vorgeschriebene Störfreiheit eingehalten wird. Das ENEC-Zeichen ist das europäische Sicherheitszeichen für Leuchten, Vorschalt- und Startgeräte, Fassungen, Kondensatoren, Konverter und Transformatoren. Die zugeordnete Zahl 1 bis 16 weist die jeweilige nationale Prüfstelle aus. Die 10 z. B. steht für den VDE. Wie jedes andere elektrische Gerät muß auch die Leuchte eine Schutzmaßnahme enthalten, die den Schutz gegen elektrischen Schlag sicherstellt. Nach der DIN VDE 0711 werden die Leuchten in drei Schutzklassen eingeteilt, die in ihrer elektrischen Sicherheit gleichwertig nebeneinanderstehen. Die Schutzklasse I hat kein Symbol, die Leuchte ist zum Anschluß an einen Schutzleiter bestimmt. Leuchten der Schutzklasse II haben eine Schutzisolation, aber keinen Schutzleiteranschluß. Die Schutzklasse III kennzeichnet Leuchten, die an einer Schutzkleinspannung zu betreiben sind.

Schutzarten von Leuchten

IEC 598 = VDE 0711 Leuchten

IP x y (Ingress Protection)

Schutz gegen	x Fremdkörper u. Berührung		y Feuchte	
0	ungeschützt		ungeschützt	
1	Fremdkörper >50 mm		Tropfwasser senkrecht	💧
2		>12 mm	Tropfwasser schräg	
3		>2,5 mm	Sprüh- wasser	◰
4		>1 mm	Spritz- wasser	◮
5	staubgeschützt	✳	Strahl- wasser	◮ ◮
6	staubdicht	◈	Überflutung	
7		—	Eintauchen	◢◢
8		—	Unter- tauchen	◢◢...m

Zur Aufrechterhaltung der Sicherheit werden Leuchten gegen das Eindringen von Fremdkörpern und Feuchte geschützt. Nach internationaler Vorschrift (IEC) werden die Leuchten nach *Schutzarten* (IP xy) eingeteilt. Die Buchstabenkombination „IP" heißt *I*ngress *P*rotection, das „x" steht für die erste Ziffer und sagt etwas aus über den Schutz vor dem Eindringen von Fremdkörpern in einer Weise, daß Gefahr entstehen kann; das „y" als zweite Ziffer kennzeichnet den Schutz vor dem Eindringen von Feuchtigkeit in gefahrbringender Weise. Theoretisch sind alle „xy"-Kombinationen möglich. Als Alternative zu den Ziffernkombinationen können auch die verschiedenen abgebildeten Symbole verwendet werden. Die folgenden Beispiele zeigen Leuchten mit verschiedenen Schutzarten: Eine mit „IP 20" gekennzeichnete Leuchte kann eine Rasterleuchte sein, die gegen das Eindringen von Fremdkörpern größer als 12 mm geschützt, aber gegen Feuchtigkeit vollkommen ungeschützt ist. Eine Feuchtraum-Wannenleuchte mit der Schutzart „IP 65" ist so geschlossen, daß kein Staub eindringt und ein Schutz vor Strahlwasser besteht.

Kennzeichnung von Leuchten mit besonderen Eigenschaften

(Ex) VDE   Schutz gegen Explosion
Funken und zu hohe Temperaturen

Ex II   EN   Prüfung durch PTB

(Sch) VDE   Schutz gegen Schlagwetter

Ex I   EN   Prüfung durch BGV

$t_a \ldots °C$ max. zulässige Umgebungstemperatur

COOL BEAM   "cool beam" Lampen nicht
zugelassen

$\lbrack$---m   Mindestabstand zur angestrahlten
Fläche

Für spezielle Anwendungsgebiete sind Leuchten mit besonderen Eigenschaften erforderlich. In explosionsgefährdeten Räumen, z. B. in der chemischen Industrie oder in Spritzlackierereien, müssen Leuchten verwendet werden, die sich bei in diesen Räumen evtl. auftretenden Gasen und Dämpfen nicht entzünden. Die Ursachen für das Entzünden können zu hohe Temperaturen an Lampen oder Funkenbildung in den Leuchten sein. Diese Leuchten werden mit einem Ex-Symbol gekennzeichnet und von der Physikalisch Technischen Bundesanstalt (PTB) geprüft. Im Bergbau unter Tage sind schlagwettergeschützte Leuchten einzusetzen, die von der Bergwerkschaftlichen Versuchsstrecke (BGV) geprüft werden. Leuchten, die für von 25 °C abweichende Umgebungstemperaturen gebaut werden, enthalten Angaben über die maximal zulässige Umgebungstemperatur. Wenn, auch meistens aus Temperaturgründen, bestimmte Lichtquellen in die Leuchten nicht eingesetzt werden dürfen, wird dieses mit Hilfe der durchkreuzten, nicht erlaubten Lampe symbolisiert. Da bei z. B. „cool beam"-Reflektorlampen der größte Anteil Wärme nach hinten abgeführt wird, sind diese Lampen nicht für alle Strahlerleuchten geeignet. Zur Verhütung zu hoher Erwärmung angestrahlter Objekte wird der Mindestabstand Leuchte zu angestrahlter Fläche auf der Leuchte angegeben.

Leuchtenkennzeichnung für Brandschutzverhalten, Montageart, Ballwurfsicherheit

Montage an Gebäudeteilen, entflammbar über 200°C

Montage an Möbeln, entflammbar über 200°C, Montagehinweis beachten

Montage an Möbeln, beliebiges Material, Montagehinweis beachten

Leuchten mit begrenzter Oberflächentemperatur (Staubentzündung) Montagehinweis beachten

vorgeschriebene Montage

nicht zugelassene Montage

ballwurfsicher nach VDE

"Nicht für Tennis"   bei Öffnungen >60 mm

Auf nicht brennbaren Baustoffen, wie z. B. Beton, können im Hinblick auf das Brandschutzverhalten praktisch alle Leuchten montiert werden. Bei der Montage von Leuchten auf entflammbaren Baustoffen müssen besondere Vorschriften beachtet werden. Leuchten mit einem ▽F-Zeichen dürfen montiert werden an Gebäudeteilen, deren Material entflammbar ist bei Temperaturen über 200°C. Leuchten mit dem ▽M-Zeichen können in Möbeln mit einer Entflammtemperatur über 200°C befestigt werden, wobei der Montagehinweis beachtet werden muß. Wenn das Entflammverhalten der Möbel nicht bekannt ist, müssen Leuchten mit dem ▽M ▽M-Zeichen, unter Beachtung des Montagehinweises verwendet werden. Bei ▽F ▽F-gekennzeichneten Leuchten ist die Oberflächentemperatur der Leuchte begrenzt. Hierdurch sollen z. B. Staubentzündungen auf den Leuchten vermieden werden. Die vorgeschriebene bzw. nicht geeignete Montageart wird durch das Leuchtensymbol in der jeweiligen Lage durchkreuzt bzw. nicht durchkreuzt dargestellt. Die Ballwurfsicherheit einer Leuchte wird durch einen Fußball symbolisiert. Leuchten mit einer Rastergitterweite > 6 cm sind für Tennishallen nicht geeignet.

Montagemöglichkeit für Leuchten mit Entladungslampen

Montagefläche		Leuchte mit Kennzeichen				
entflammbar	Beispiel	ohne	▽F	▽M	▽M	▽M
nicht	Beton	X	X	X	X	
>200 °C	Holz		▽F	▽M	X	
<200 °C	Textilien				▽M	▽M

Die Übersicht zeigt die zugelassenen Montagemöglichkeiten von Leuchten im Hinblick auf die Vermeidung von Bränden. Auf nichtentflammbaren Baustoffen, wie z. B. Beton, können alle Leuchten mit und ohne Kennzeichen befestigt werden. Bei der Verwendung von Baustoffen, die bei einer Temperatur über 200 °C entflammbar sind, z. B. Holz, müssen Leuchten mit dem ▽F- oder ▽W-Zeichen montiert werden. Leuchten ohne Kennzeichnung hinsichtlich Brandschutz dürfen hier nicht montiert werden. Auf Materialien, die bei Temperaturen unter 200 °C entflammbar sind, wie z. B. Textilien, müssen ▽W ▽W-gekennzeichnete Leuchten installiert werden.

Leuchtenwirkungsgrad – Betriebswirkungsgrad

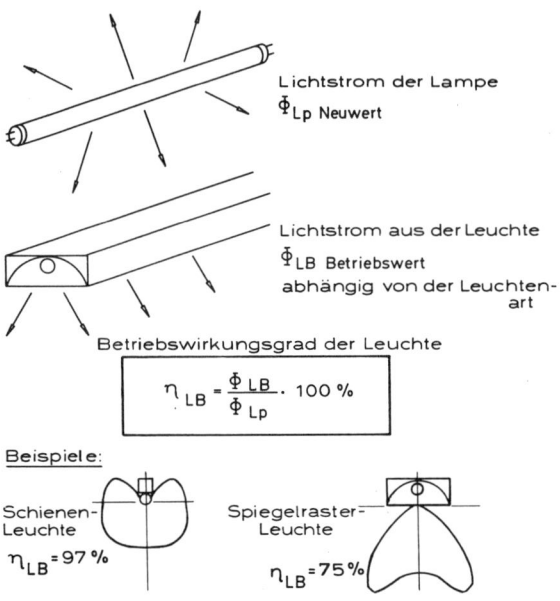

Lichtstrom der Lampe

Φ_{Lp} Neuwert

Lichtstrom aus der Leuchte

Φ_{LB} Betriebswert
abhängig von der Leuchtenart

Betriebswirkungsgrad der Leuchte

$$\eta_{LB} = \frac{\Phi_{LB}}{\Phi_{Lp}} \cdot 100\,\%$$

Beispiele:

Schienen-
Leuchte
$\eta_{LB} = 97\,\%$

Spiegelraster-
Leuchte
$\eta_{LB} = 75\,\%$

Entsprechend der Lichtausbeute bei den Lampen, die aussagt wieviel Lumen pro Watt erzeugt werden, gibt es bei den Leuchten den sogenannten *Leuchtenwirkungsgrad* η_L. Dieser sagt aus, wieviel Prozent des in der Leuchte erzeugten Lichtstroms der Lampen aus der Leuchte austritt; man sagt hierzu auch optischer Wirkungsgrad. Bei Entladungslampen, vor allem bei Leuchtstofflampen, ist der Lampenlichtstrom abhängig von der Umgebungstemperatur und Brennlage, darum muß der *Betriebswirkungsgrad* η_{LB} der Leuchte angegeben werden. Er bezieht sich auf die Gebrauchslage der Leuchte und deren Umgebungstemperatur. η_{LB} ist das Verhältnis des Lichtstromes, der bei der bestimmten Umgebungstemperatur austritt, wenn sich die Leuchte in Gebrauchslage befindet, zum Lichtstrom der Lampe, wie er in den Produktlisten der Hersteller angegeben ist. Bei einer einlampigen Schienenleuchte ist der Betriebswirkungsgrad sehr hoch, da kaum Licht abgeschirmt wird, bei einer blendungsarmen Spiegelrasterleuchte ist η_{LB} kleiner. Eine Aussage über die Höhe der Beleuchtungsstärke, z. B. auf der Arbeitsfläche, kann aus diesen Wirkungsgraden nicht abgeleitet werden.

Beleuchtungswirkungsgrad

abhängig von:

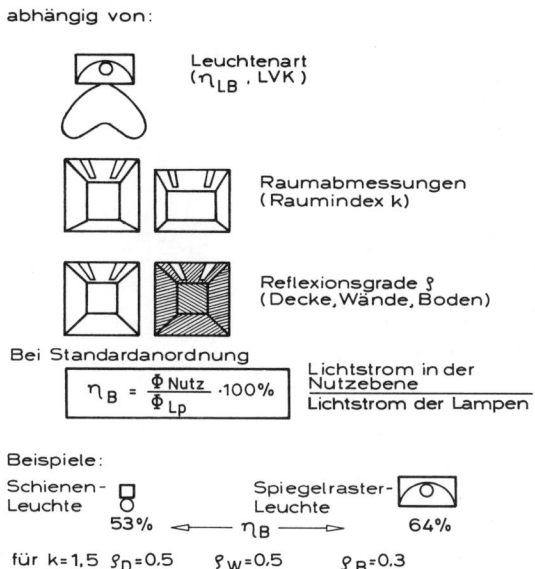

Leuchtenart
(η_{LB}, LVK)

Raumabmessungen
(Raumindex k)

Reflexionsgrade ϱ
(Decke, Wände, Boden)

Bei Standardanordnung

$$\eta_B = \frac{\Phi_{Nutz}}{\Phi_{Lp}} \cdot 100\%$$

$\dfrac{\text{Lichtstrom in der Nutzebene}}{\text{Lichtstrom der Lampen}}$

Beispiele:

Schienen-Leuchte 53% $\longleftarrow \eta_B \longrightarrow$ Spiegelraster-Leuchte 64%

für k = 1,5 $\varrho_D = 0,5$ $\varrho_W = 0,5$ $\varrho_B = 0,3$

Zur Berechnung der für die Beleuchtung von Innenräumen erforderlichen Lampen, benötigt man den *Beleuchtungswirkungsgrad* η_B. Dieser gibt an, wieviel Prozent des in den Lampen erzeugten Lichtstromes auf die Nutzebene fällt, z. B. den Schreibtisch. Der Beleuchtungswirkungsgrad ist abhängig von der Leuchtenart, d. h. vom Betriebswirkungsgrad η_{LB} der Leuchte und von ihrer *Lichtverteilungskurve* (LVK). Eine stark nach unten gerichtete LVK bringt z. B. mehr Licht auf die Arbeitsfläche als eine nach allen Seiten abstrahlende Leuchte. Darüberhinaus wird η_B beeinflußt von den Raumproportionen, die durch den sogenannten *Raumindex k* berücksichtigt werden und durch die Reflexionsgrade der Oberflächen von Decke, Wänden und Boden. In kleinen Räumen fällt meist mehr Licht auf die Wände und von dort auf die Arbeitsfläche als in großen Räumen, d. h. η_B ist in kleinen Räumen niedriger. Das gleiche gilt für die Reflexionsgrade. Helle Räume haben höhere η_B als dunkle Räume. Für einen bestimmten Raum mit vorgegebenem Raumindex *k* und Reflexionsgraden hat eine Spiegelrasterleuchte einen wesentlich höheren η_B als eine Schienenleuchte.

Beleuchtungswirkungsgrad-Tabellen

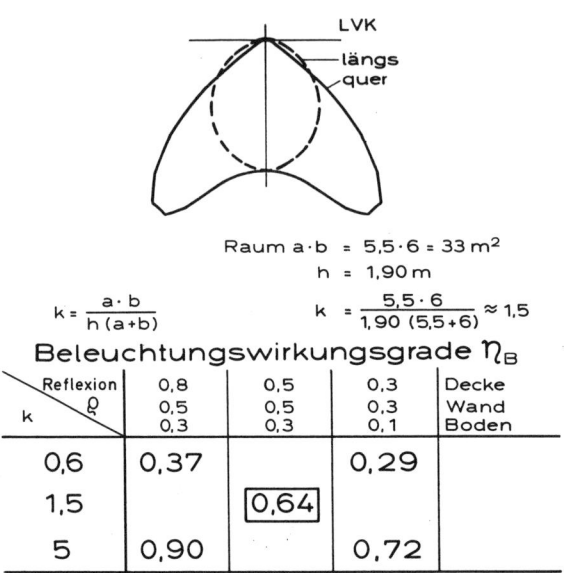

$$k = \frac{a \cdot b}{h(a+b)} \qquad k = \frac{5,5 \cdot 6}{1,90(5,5+6)} \approx 1,5$$

Beleuchtungswirkungsgrade η_B

k \ Reflexion ρ	0,8 0,5 0,3 Decke Wand Boden	0,5 0,5 0,3	0,3 0,3 0,1	
0,6	0,37		0,29	
1,5		0,64		
5	0,90		0,72	

Der zur Innenraumbeleuchtungsplanung erforderliche Beleuchtungswirkungs-grad wird üblicherweise in Tabellenform von den Leuchtenherstellern in deren technischen Unterlagen angegeben. Die Werte werden für jeden Leuchtentyp gesondert aufgeführt. Um den Beleuchtungswirkungsgrad zu ermitteln, muß zunächst der Raumindex k errechnet werden. Der Raumindex k berücksichtigt die Raumabmessungen, d. h. das Verhältnis der Raumfläche zur Raumhöhe; dem-nach haben große Räume große Raumindizes. Dann müssen die Reflexionsgrade, z. B. mit Hilfe von Reflexionsgradtabellen, ermittelt werden. Dunkle Wandfar-ben, wie z. B. dunkelrot oder dunkelblau, haben sehr niedrige, helle Raumfarben haben hohe Reflexionsgrade. Wände mit hohen Reflexionsgraden reflektieren das Licht besser auf die Nutzebene als dunkle Wände. Der oben aufgeführte Tabellenausschnitt aus einer technischen Dokumentation einer Spiegelraster-leuchte gibt z. B. den Wert 0,64 für den Beleuchtungswirkungsgrad an, unter der Annahme $k = 1,5$ und $\rho_{Decke} = 0,5$; $\rho_{Wand} = 0,5$; $\rho_{Boden} = 0,3$. Der Beleuchtungswir-kungsgrad η_B dieser Spiegelrasterleuchte kann je nach Raumabmessungen (Raumindex k) und Reflexionsgraden schwanken zwischen 0,29 und 0,90.

Wirkungsgradformel

$$\Phi = \frac{1{,}25 \cdot E \cdot A}{\eta_B}$$

Φ = Lichtstrom der Lampen [Lumen]

$1{,}25$ = Planungsfaktor berücksichtigt Lichtstromrückgang und Schmutz

E = Nennbeleuchtungsstärke [Lux] nach DIN

A = Fläche des Raumes [m²]

η_B = Beleuchtungswirkungsgrad nach Leuchtenkatalog

η_B berücksichtigt: Leuchtenart
Raumproportionen
Reflexionsgrade

Mit Hilfe der Wirkungsgradformel kann bei der Planung einer Beleuchtungsanlage im Innenraum die Anzahl der erforderlichen Lampen berechnet werden. Die Anzahl der Lampen ergibt sich durch den ermittelten, benötigten Gesamtlichtstrom Φ, geteilt durch den Lichtstrom einer Lampe. Je höher die notwendige Beleuchtungsstärke E ist und je größer der zu beleuchtende Raum ist, desto höher ist der erforderliche Lichtstrom Φ. Den Wert für die Nennbeleuchtungsstärke E entnimmt man den DIN-Blättern bzw. der Arbeitsstätten-Richtlinie ASR 7/3. Das Produkt $E \cdot A$ wird durch den Beleuchtungswirkungsgrad η_B geteilt. Der Beleuchtungswirkungsgrad η_B berücksichtigt den Leuchtentyp, die Raumproportionen und die Reflexionsgrade der Raumbegrenzungsflächen. Je höher der η_B, desto weniger Lampen werden für die Beleuchtung benötigt. Da im Laufe der Zeit der Lichtstrom der Lampen durch Alterung zurückgeht und auch eine Verschmutzung durch Staub auf den Lampen und Leuchten entsteht, wird dieser Rückgang der Beleuchtungsstärke mit einem *Planungsfaktor* von 1,25 berücksichtigt.

Anwendung der Wirkungsgradformel

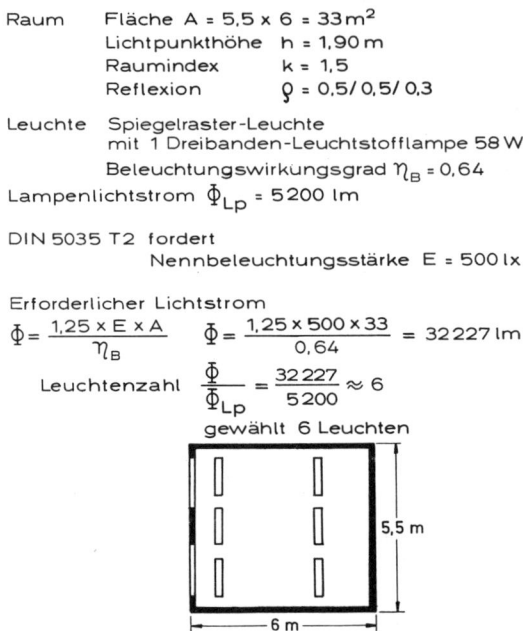

Raum   Fläche A = 5,5 x 6 = 33 m^2
Lichtpunkthöhe   h = 1,90 m
Raumindex   k = 1,5
Reflexion ϱ = 0,5/ 0,5/ 0,3

Leuchte   Spiegelraster-Leuchte
mit 1 Dreibanden-Leuchtstofflampe 58 W

Beleuchtungswirkungsgrad η_B = 0,64

Lampenlichtstrom Φ_{Lp} = 5200 lm

DIN 5035 T2 fordert
Nennbeleuchtungsstärke E = 500 lx

Erforderlicher Lichtstrom

$$\Phi = \frac{1,25 \times E \times A}{\eta_B} \qquad \Phi = \frac{1,25 \times 500 \times 33}{0,64} = 32227 \text{ lm}$$

Leuchtenzahl $\dfrac{\Phi}{\Phi_{Lp}} = \dfrac{32227}{5200} \approx 6$

gewählt 6 Leuchten

5,5 m

6 m

Die für die Beleuchtung eines kleinen Büroraumes erforderlichen Lampen und Leuchten werden mit der *Wirkungsgradformel* ermittelt. In der DIN 5035 „Beleuchtung mit künstlichem Licht" Teil 2 und in der Arbeitsstätten-Richtlinie ASR 7/3 wird für normale Bürotätigkeiten eine Nennbeleuchtungsstärke E von 500 Lux gefordert. Der zu beleuchtende Büroraum hat eine Fläche von 33 m², der daraus errechnete Raumindex k liegt bei 1,5. Den Beleuchtungswirkungsgrad η_B für die ausgewählte einlampige Spiegelrasterleuchte entnimmt man den Beleuchtungsgradtabellen der Leuchtenhersteller. Im oben aufgeführten Beispiel beträgt der Wert für $\eta_B = 0,64$. Der Planungsfaktor 1,25 berücksichtigt Lichtstromrückgang der Lampen und Verschmutzung. Der für die Bürobeleuchtung berechnete Gesamtlichtstrom Φ wird geteilt durch den Lichtstrom einer Leuchtstofflampe. Im Beispiel wurde eine Dreibanden-Leuchtstofflampe 58 W mit 5200 Lumen gewählt. Hieraus ergibt sich die Anzahl der benötigten Lampen, und, da im Beispiel einlampige Leuchten verwendet werden, auch die Anzahl der erforderlichen Leuchten für die normgerechte Beleuchtung des Büros.

Punktbeleuchtungsformel

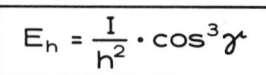

$$E_h = \frac{I}{h^2} \cdot \cos^3 \gamma$$

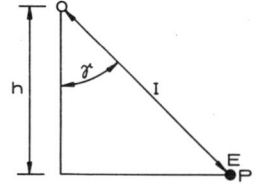

$E_h =$ horizontale Beleuchtungsstärke

$I =$ Lichtstärke

$h =$ Lichtpunkthöhe

$\gamma =$ Ausstrahlungswinkel

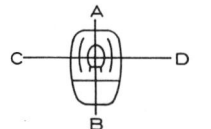

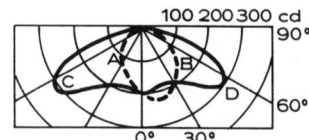

Will man an einem bestimmten Punkt unter einer Leuchte die horizontale Beleuchtungsstärke berechnen, benutzt man die sogenannte *Punktbeleuchtungsformel*. Da diese Formel nur für punktförmige Lichtquellen gilt, kann sie nicht in jedem Fall eingesetzt werden. Die Formel gilt noch, wenn der Abstand zur beleuchteten Fläche bei P größer ist als die 5fache maximale Ausdehnung der Lichtquelle. Für Leuchten, z. B. Scheinwerfer mit stark gebündelter Lichtverteilung, muß der Abstand allerdings wesentlich größer sein, und zwar bis zu dem zehnfachen der größten Ausdehnung der Leuchte. Die Lichtstärke I in Richtung Punkt P wird aus der Lichtverteilungskurve (LVK) der Leuchte entnommen. Meist werden die Lichtstärken I in den LVK für einen Lichtstrom von 1000 Lumen angegeben, dann müssen diese abgelesenen Werte mit dem tatsächlichen Lichtstrom multipliziert und durch 1000 geteilt werden. Der mit der Punktbeleuchtungsformel ermittelte Wert E_h ist die direkte Komponente der horizontalen Beleuchtungsstärke; der in Innenräumen entstehende Indirektanteil muß unter Umständen mit berücksichtigt werden.

Faseroptisches Beleuchtungssystem

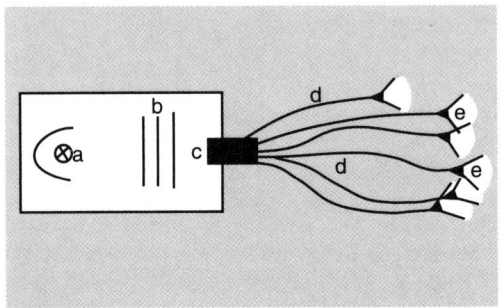

Die Basis des faseroptischen Beleuchtungssystems ist eine Lichtquelle (a), die ihren Lichtstrom, je nach Bestückung, von Halogen bzw. Halogen-Kaltlichtreflektorlampen oder Hochdruck-Metallhalogendampflampen in ein faseroptisches Kabelbündel (c) leitet. Die einzelnen faseroptischen Kabel (d), die verschieden lang sein können (bis zu 30 m) und auch unterschiedliche Durchmesser besitzen (3; 4; 5 mm), bringen das Licht dorthin, wo es eingesetzt werden soll. Optische Abschlußstücke (e) fixieren das Kabelende und bestimmen die Lichtrichtung und Ausstrahlungscharakteristik. Filter und rotierende Farbscheiben (b) ermöglichen dynamische Beleuchtungseffekte. Da kein elektrischer Strom, kaum Infrarot- und UV-Strahlung durch die faseroptischen Kabel übertragen werden, gibt es in der Lichttechnik ganz neue Anwendungsgebiete, z. B. Beleuchtung in Bereichen, die schwer zugänglich und schwierig zu warten sind: in Museen und Galerien, in denen Licht-, Wärme- und UV-empfindliche Gegenstände ausgestellt werden, in kleinen Vitrinen, in Springbrunnen oder für die individuelle Anstrahlung von historischen Außenfassaden.

6 Anforderungen an die Beleuchtung

Normen für die Beleuchtung

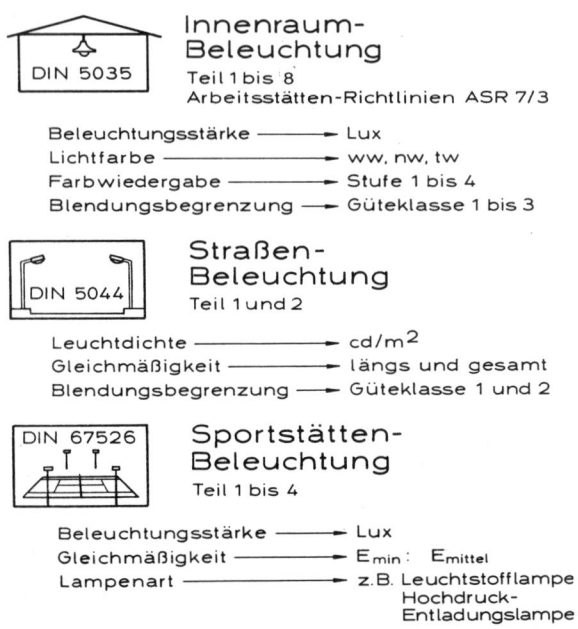

Innenraum-
Beleuchtung
DIN 5035
Teil 1 bis 8
Arbeitsstätten-Richtlinien ASR 7/3

Beleuchtungsstärke ⟶ Lux
Lichtfarbe ⟶ ww, nw, tw
Farbwiedergabe ⟶ Stufe 1 bis 4
Blendungsbegrenzung ⟶ Güteklasse 1 bis 3

Straßen-
Beleuchtung
DIN 5044
Teil 1 und 2

Leuchtdichte ⟶ cd/m^2
Gleichmäßigkeit ⟶ längs und gesamt
Blendungsbegrenzung ⟶ Güteklasse 1 und 2

DIN 67526
Sportstätten-
Beleuchtung
Teil 1 bis 4

Beleuchtungsstärke ⟶ Lux
Gleichmäßigkeit ⟶ E_{min} : E_{mittel}
Lampenart ⟶ z.B. Leuchtstofflampe
Hochdruck-
Entladungslampe

Die Basis für die Planung von Beleuchtungsanlagen sind die DIN-Normen. Für die drei wichtigsten Anwendungsgebiete, Innenräume aller Art, Straßen und Sportstätten gibt es jeweils *Normblätter,* in denen quantitative und qualitative Anforderungen an die Güte der Beleuchtungsanlage festgelegt wurden. Entsprechend der Vielfalt der Anwendungsgebiete sind die Normen in mehrere Teile gegliedert.Für die Beleuchtung von Arbeitsstätten gilt die Arbeitsstätten-Richtlinie ASR 7/3, die identisch ist mit der DIN 5035 „Beleuchtung mit künstlichem Licht" Teil 2. Die Arbeitsstätten-Richtlinien haben Gesetzeskraft, während die Normen im allgemeinen nur empfehlenden Charakter besitzen, aber z. B. bei Streitfällen als Stand der Technik herangezogen werden. Die Normen für die Beleuchtung werden von unterschiedlich zusammengesetzten Gremien erarbeitet. Hierzu zählen unter anderem neben den wissenschaftlichen Mitarbeitern der lichttechnischen Institute, Vertreter der Lampen- und Leuchtenindustrie, der Architekten und Planer, der Elektrizitätswerke und der Anwender. Die Normen werden durch Neuausgaben dem jeweiligen Stand der Technik angepaßt.

DIN 5035
„Beleuchtung mit künstlichem Licht"

DIN 5035

Die große Vielfalt der Anwendungsgebiete machte es erforderlich, daß insgesamt 8 Teile herausgegeben wurden. Der Teil 1 „Begriffe und allgemeine Anforderungen" gilt als übergeordnetes Normblatt für alle anderen Teile. Es enthält Aussagen über die lichttechnischen Größen und Einheiten, die Beleuchtungsarten, die Gütegesichtspunkte der Beleuchtung, die Planung und das Instandhalten von Beleuchtungsanlagen. Zahlenmäßige Angaben über die jeweilige Höhe der Nennbeleuchtungsstärke, der erforderlichen Lichtfarbe und Farbwiedergabeeigenschaft der Lampen und über die Güteklasse der Blendungsbegrenzung werden in den Teilen 2 – Arbeitsstätten in Innenräumen und im Freien, 3 – Krankenhäuser, 4 – Unterrichtsräume gemacht. Die erforderlichen Beleuchtungsstärken bei der Notbeleuchtung sind im Teil 5 aufgeführt. Gemeinsam für alle Teile wird im Teil 6 etwas über die Meßbedingungen ausgesagt und der Teil 7 beschäftigt sich mit der speziellen Problematik der Beleuchtung von Räumen mit Bildschirmarbeitsplätzen und mit Arbeitsplätzen mit Bildschirmunterstützung. Im Teil 8 werden die speziellen Anforderungen an die Einzelplatzbeleuchtung in Büroräumen und büroähnlichen Räumen behandelt.

Arten der Beleuchtung

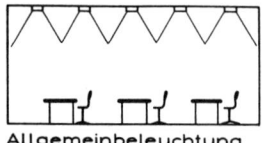

Allgemeinbeleuchtung

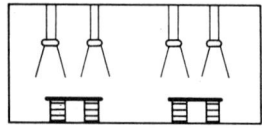

Arbeitsplatzorientierte
Allgemeinbeleuchtung

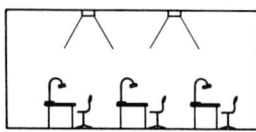

Einzelplatzbeleuchtung

Bei der Wahl des Beleuchtungssystems ist von der Art des zu beleuchtenden Raumes und der dort durchzuführenden Sehaufgabe auszugehen. In der DIN 5035 werden drei Beleuchtungsarten unterschieden und zwar die *Allgemeinbeleuchtung,* die *arbeitsplatzorientierte* Allgemeinbeleuchtung und die *Einzelplatzbeleuchtung.* Eine Allgemeinbeleuchtung im Raum wird erzeugt durch regelmäßig über die Deckenflächen verteilte Leuchten. Sie ist in Arbeitsräumen mit nicht festgelegten Arbeitsplätzen erforderlich, wenn an allen Arbeitsstellen gleich gute Sehbedingungen geschaffen werden sollen. Um eine zu monotone Wirkung zu vermeiden, kann es zweckmäßig sein, die Allgemeinbeleuchtung durch gerichtetes Licht zu ergänzen. Wenn eine feste Zuordnung zwischen Leuchte und bestimmten Arbeitsplätzen besteht, spricht man von der arbeitsplatzorientierten Allgemeinbeleuchtung. Die Beleuchtung einzelner Arbeitsplätze, zusätzlich zur Allgemeinbeleuchtung, ist zu empfehlen, wenn bei besonderen Arbeiten sehr schwierige Sehverhälnisse vorliegen, zum Erkennen von Formen oder Strukturen Licht erforderlich ist, das aus einer bestimmten Richtung kommt, die Allgemeinbeleuchtung durch Hindernisse abgeschirmt wird und, wenn mehr als 1000 Lux Nennbeleuchtungsstärke gefordert wird.

Das Beleuchtungsniveau

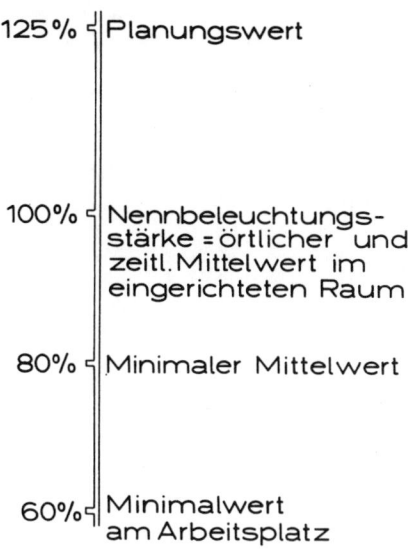

125% ⊣ Planungswert

100% ⊣ Nennbeleuchtungs-
stärke = örtlicher und
zeitl. Mittelwert im
eingerichteten Raum

80% ⊣ Minimaler Mittelwert

60% ⊣ Minimalwert
am Arbeitsplatz

Das *Beleuchtungsniveau* wird im wesentlichen durch die Beleuchtungsstärke bestimmt. Es wird beeinflußt von den Reflexionseigenschaften der Raumbegrenzungsflächen – Wände, Decke, Fußboden – und von den Einrichtungsgegenständen. Die Sehleistung ist direkt abhängig vom Beleuchtungsniveau, das mit dem Begriff der Nennbeleuchtungsstärke im Normblatt DIN 5035 beschrieben wird. Die Nennbeleuchtungsstärke ist die mittlere Beleuchtungsstärke im eingerichteten Raum, bezogen auf einen mittleren Alterungszustand der Anlage. Dabei wird vorausgesetzt, daß die Sehleistung nicht durch Störeinflüsse wie Direktblendung, Reflexblendung und Kontrastminderung, ungeeignete Lichtfarbe und Farbwiedergabe beeinträchtigt wird. Durch Alterung und Verschmutzung der Lampen und Leuchten verringert sich im Laufe der Zeit die Höhe der Beleuchtungsstärke. Nach DIN 5035 muß die Beleuchtungsanlage gewartet werden, wenn die mittlere Beleuchtungsstärke an den Arbeitsplätzen 80% oder die Beleuchtungsstärke an dem beleuchtungstechnisch ungünstigsten Arbeitsplatz 60% der Nennbeleuchtungsstärke unterschreitet. Um die Alterung und Verschmutzung schon bei der Planung zu berücksichtigen, sollte man die Nennbeleuchtungsstärke mit einem Planungsfaktor von 1,25 multiplizieren.

Harmonische Helligkeitsverteilung im Raum

Die Beleuchtungsstärke ist kein Kriterium für eine harmonische, ausgewogene Verteilung der Leuchtdichten der Raumoberflächen. Diese hängt ab von der Beleuchtungsart, den Reflexionsgraden und der Farbe ausgedehnter Flächen im Gesichtsfeld. Hierbei sollte man beachten, daß die Reflexionsgrade der näheren Umgebung des Arbeitsgutes so gewählt werden, daß sich zwischen dem Arbeitsfeld und dem Umfeld keine größeren Leuchtdichteverhältnisse als etwa 3 : 1 ergeben. Hierdurch erscheint das Arbeitsgut heller als die Umgebung, so daß die Aufmerksamkeit mehr auf das Arbeitsfeld konzentriert wird. Für die Oberfläche von Arbeitstischen sind Reflexionsgrade 0,2 bis 0,5 empfehlenswert. Grundsätzlich sollte man größere Leuchtdichteverhältnisse als etwa 10 : 1 zwischen Arbeitsfläche und weiter entfernten Flächen vermeiden. Andererseits ergeben jedoch zu geringe Leuchtdichte- und Farbunterschiede meist einen zu monotonen Raumeindruck.

Begrenzung der Blendung

Direktblendung abhängig von:

○ Leuchtenart

○ Anordnung der Leuchten zur Blickrichtung

○ Beleuchtungsstärke

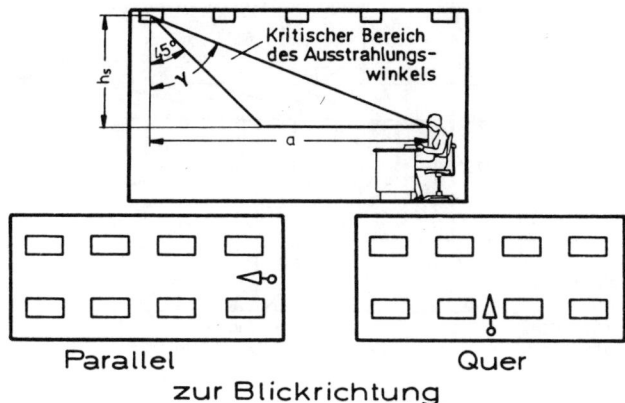

Parallel   Quer

zur Blickrichtung

Es werden zwei Arten von *Blendung* unterschieden, die physiologische Blendung, die eine Herabsetzung der Sehleistung zur Folge hat und die psychologische Blendung, die vor allem bei längerem Aufenthalt im Raum ein unangenehmes Gefühl erzeugen, das Wohlbefinden herabsetzen und die Leistung vermindern kann. Die physiologische Blendung, die z. B. auftritt, wenn man in einen Scheinwerfer direkt hineinschaut, gibt es in der Innenraumbeleuchtung praktisch nicht. Hier spielt nur die psychologische Blendung eine Rolle. Diese ist in der Norm DIN 5035 als Direktblendung gekennzeichnet und läßt sich bereits bei der Planung mit Hilfe des *Leuchtdichte-Grenzkurvenverfahrens* ermitteln. Direktblendung ist abhängig von der Leuchtdichte und Größe der gesehenen leuchtenden Flächen aller im Blickfeld befindlichen Leuchten, ihrer Anordnung zur Blickrichtung sowie der Beleuchtungsstärke. Die Direktblendung gilt als begrenzt, wenn die mittlere Leuchtdichte der Leuchten in dem für die Blendung kritischen Winkelbereich von 45° bis 85° die Werte der Leuchtdichte-Grenzkurven nicht überschreiten. Die Leuchtdichte-Grenzkurven findet man in der Norm DIN 5035 Teil 1, die Leuchtdichtewerte der Leuchten in den technischen Dokumentationen der Leuchtenhersteller in Kurvenform oder in Tabellen.

Anwendung des Leuchtdichte-Grenzkurven-Verfahrens

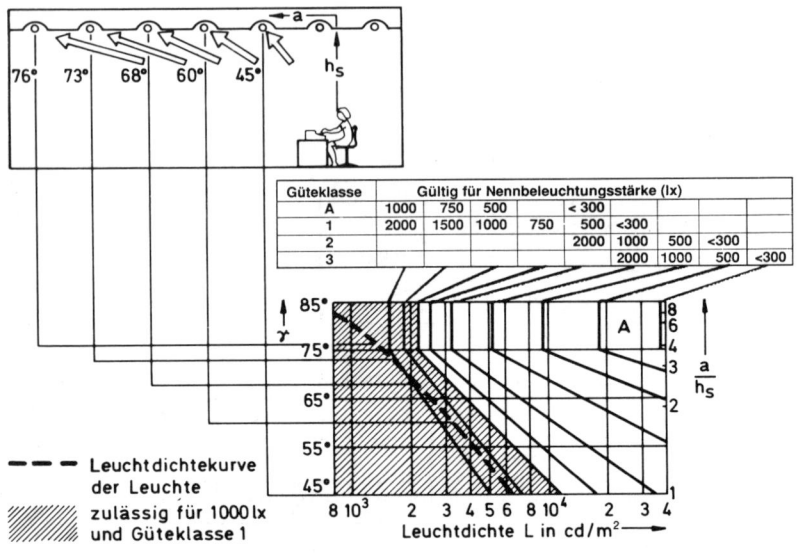

Güteklasse	Gültig für Nennbeleuchtungsstärke (lx)							
A	1000	750	500		< 300			
1	2000	1500	1000	750	500	<300		
2					2000	1000	500	<300
3						2000	1000	500	<300

− − − Leuchtdichtekurve der Leuchte

▨▨ zulässig für 1000 lx und Güteklasse 1

In der Norm DIN 5035 Teil 1 sind zwei Leuchtdichte-Grenzkurven Darstellungen enthalten. Die eine gilt für langgestreckte Leuchten, die parallel zur Blickrichtung angeordnet sind und für Leuchten ohne leuchtende Seitenteile (Tabelle A), die andere für Leuchten mit leuchtenden Seitenteilen, die quer zur Blickrichtung angeordnet sind (Tabelle B). Beleuchtungsanlagen mit sehr hohen Anforderungen an die Blendungsbegrenzung gehören zur Güteklasse A. Güteklasse 1 gilt für Anlagen, in denen hohe Anforderungen an die Begrenzung der Direktblendung gestellt werden, entsprechend gilt Güteklasse 2 für mittlere und Güteklasse 3 für geringe Anforderungen an die Blendungsbegrenzung. Zur Ermittlung, ob eine Beleuchtungsanlage blendet, wird die aus der Leuchtendokumentation entnommene Leuchtdichtekurve der verwendeten Leuchte eingetragen (gestrichelte Linie). In diesem Beispiel gelten die Leuchtdichte-Grenzkurven für Leuchten ohne leuchtende Seitenteile.

Der schraffierte Bereich ist zulässig für 1000 lx und Güteklasse 1, d. h. die verwendete Leuchte ist hierbei uneingeschränkt für alle Raumabmessungen einsetzbar.

100

Begrenzung der Reflexblendung

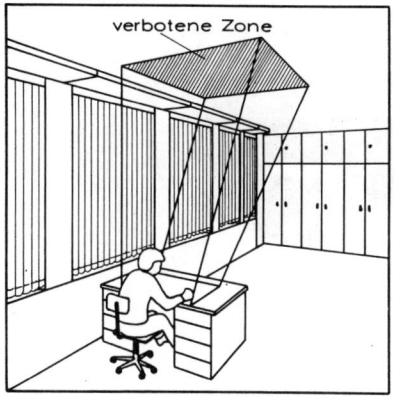

verbotene Zone

Das Erkennen eines Sehobjektes setzt voraus, daß Leuchtdichteunterschiede, d. h. Kontraste vorhanden sind. Wir können die Seiten eines Buches nur dann lesen, wenn zwischen den Buchstaben und dem unbedruckten Papier ein Kontrast besteht. Wenn sich Lichtquellen in Objekten mit glänzenden Oberflächen spiegeln, können Reflexe auftreten, die zu einer Kontrastminderung führen. Der Grad der Kontrastminderung wird mit dem *Kontrastwiedergabefaktor* beschrieben. Sind die Glanzerscheinungen so hell, daß sie direkt stören, spricht man von einer *Reflexblendung*. Kontrastminderung und Reflexblendung können durch verschiedene Maßnahmen verringert werden. Wichtig ist die richtige Anordnung von Leuchten und Arbeitsplatz. Es ist falsch, wenn das Licht aus der „verbotenen Zone" z. B. auf einen Schreibtisch fällt. Richtig ist es, wenn das Licht von der Seite oder schräg von hinten auf den Arbeitsplatz scheint. Eine Verringerung der Reflexblendung läßt sich auch erreichen, wenn die Oberflächen, in denen sich die Leuchten spiegeln können, matt sind. Dieses gilt besonders für Oberflächen von Arbeitsplätzen, Papier, Tasten von Schreibmaschinen und Bildschirmgeräten.

Lichtrichtung und Schattigkeit

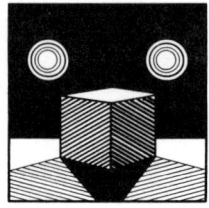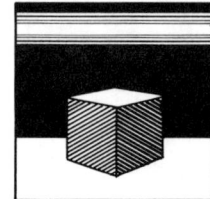

Das Erkennen der Körperlichkeit und der Oberflächenbeschaffenheit eines Gegenstandes wird durch die *Schattenbildung* unterstützt. Die Beleuchtung soll deshalb nicht zu schattenarm sein, weil dieses meistens als unangenehm empfunden wird und zu einer ermüdenden Monotonie führt. Ebenfalls zu vermeiden sind zu tiefe Schatten mit harten Schatterändern. Eine indirekte Beleuchtung gibt im allgemeinen eine zu schattenarme Beleuchtung, die das körperliche Sehen erschwert. Zu tiefe Schatten entstehen durch Einzelleuchten mit engem Lichtbündel. Zusätzliche Leuchten aus anderen Richtungen können die Schatten aufhellen und damit die Erkennbarkeit des Objektes verbessern. Leuchten mit Leuchtstofflampen in Lichtbandanordnung bewirken weiche Schatten. Bei bestimmten Sehaufgaben, z. B. in der Industrie bei der Oberflächenprüfung, ist gerichtetes Licht mit einer ausgeprägten Schattigkeit erwünscht.

Lichtfarbe

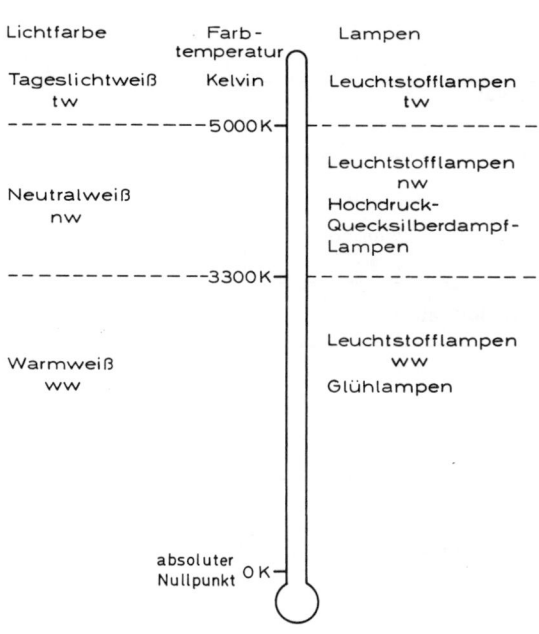

Lichtfarbe	Farbtemperatur	Lampen
Tageslichtweiß tw	Kelvin	Leuchtstofflampen tw
– – – – – – – – – – –	5000 K	– – – – – – – – –
Neutralweiß nw		Leuchtstofflampen nw HochdruckQuecksilberdampfLampen
– – – – – – – – – –	3300 K	– – – – – – – – – –
Warmweiß ww		Leuchtstofflampen ww Glühlampen
	absoluter Nullpunkt	0 K

Die Farbeigenschaften von Lichtquellen werden durch zwei Kriterien gekennzeichnet und zwar durch ihre *Lichtfarbe* und durch ihre Farbwiedergabeeigenschaft. Es ist unmöglich, aus der Lichtfarbe einer Lampe irgendwelche Rückschlüsse auf ihre Farbwiedergabe zu ziehen. Alle Lampen, mit Ausnahme der farbigen Lampen mit einer ähnlichsten Farbtemperatur über 5 000 K gehören zur Gruppe der tageslichtweißen Lichtquellen, wie z. B. die tageslichtweißen Leuchtstofflampen. Hochdruck-Quecksilberdampflampen und Leuchtstofflampen „Weiß" gehören in die Gruppe der Lampen mit neutralweißer Lichtfarbe mit einer ähnlichsten Farbtemperatur im Bereich von 3 300 K bis 5 000 K. Zu den Lampen mit warmweißen Lichtfarben, deren ähnlichste Farbtemperatur unter 3 300 K liegt, zählen z. B. die Glühlampen und Leuchtstofflampen „Warmton". Die für bestimmte Tätigkeiten empfohlenen Lichtfarben sind in DIN 5035 Teil 2, 3 und 4 aufgeführt.

Bei der Kennzeichnung der Lichtfarbe von Leuchtstoff- und Kompakt-Leuchtstofflampen geben die beiden letzten Ziffern an, welche Farbtemperatur die Lampe hat. Zum Beispiel steht 27 für 2 700 K, 30 für 3 000 K, 40 für 4 000 K und 65 für 6 500 K. Eine de-Luxe-Leuchtstofflampe mit 4 000 K Farbtemperatur hat die Bezeichnung 940. Siehe auch Seite 57.

Farbwiedergabestufen nach DIN

Farbwiedergabe		Lampenbeispiele
STUFE	R_a	
1 A	≥ 90	Glühlampen „De Luxe" Leuchtstofflampen
1 B	80..89	Dreibanden-Leuchtstofflampen SDW-T
2 A	70..79	Leuchtstofflampen (25)
2 B	60..69	Halogen-Metalldampflampen Leuchtstofflampen (33)
3	40..59	Leuchtstofflampen (29) Hochdruck-Quecksilberdampflampen
4	20..39	Hochdruck-Natriumdampflampen
		Niederdruck-Natriumdampflampen

Zur Bewertung der Farbwiedergabeeigeschaften von Lampen dient der allgemeine Farbwiedergabeindex R_a. Der theoretische Maximalwert beträgt 100. Je niedriger der Farbwiedergabeindex, desto schlechter ist die Farbwiedergabeeigenschaft der Lampe. Für die praktische Anwendung sind die Farbwiedergabeindizes in sechs Stufen angegeben. Lampen der Stufe 1A werden dort eingesetzt, wo es auf eine möglichst naturgetreue Farbwiedergabe ankommt, z. B. im grafischen Gewerbe, in Museen, Textil- und Lederwarenverkaufsräumen. Zu den Lampen der Stufe 1B gehören die Dreibanden-Leuchtstofflampen, die vorwiegend in Verwaltungsgebäuden, Schulen, Industrie- und Sporthallen installiert werden. Lampen der Stufe 2A haben noch gute Farbwiedergabeeigenschaften. Lampen der Stufe 3 sind bei gröberen Industriearbeiten einzusetzen. Lampen der Farbwiedergabestufe 4 sind in Innenräumen nicht zulässig mit Ausnahme der Hochdruck-Natriumdampflampen (R_a 20) in bestimmten Anwendungsfällen. Die für die verschiedenen Raumarten und Tätigkeiten erforderlichen Farbwiedergabeeigenschaften der Lampen sind entsprechend der Stufeneinteilung in der DIN 5035 angegeben. Die Kennzeichnung der Lichtfarbe von Leuchtstofflampen weist mit der ersten Ziffer auf den Farbwiedergabeindex R_a hin, z. B. steht 9 für R_a 90 ... 100, 8 für R_a 80 ... 89 (s. S. 57).

Messen der Beleuchtungsstärke

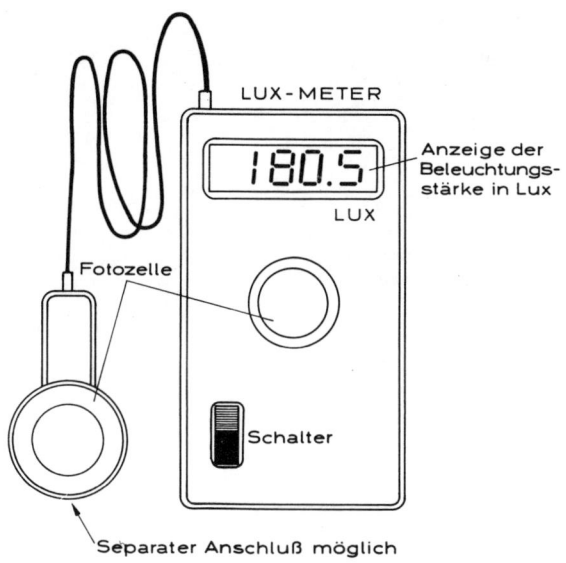

LUX-METER

Anzeige der Beleuchtungs-stärke in Lux

LUX

Fotozelle

Schalter

Separater Anschluß möglich

Im Teil 6 der Norm DIN 5035 ist aufgeführt, was für die Messung und Bewertung einer Innenraumbeleuchtungsanlage wichtig ist. Für die Messung der Beleuchtungsstärke sollten *Luxmeter* der Klasse B verwendet werden, diese sind für Betriebsmessungen geeignet, deren Fehlergrenze bei ± 10 % liegt. Für nur orientierende Messungen können auch Geräte der Klasse C mit ± 20 % Fehlergrenze eingesetzt werden. Bei den Messungen sollte das Tageslicht ausgeschaltet sein. Wenn nicht bei Dunkelheit gemessen werden kann, müssen die Fenster und Oberlichter lichtdicht abgedeckt sein. Der Reflexionsgrad der Abdeckung soll dem der Verglasung (etwa 10 %) entsprechen. Bei nicht abgedeckten Fenstern muß die Beleuchtungsstärke bei eingeschalteter Beleuchtung und unmittelbar danach bei ausgeschalteter Anlage gemessen werden. Die Differenz der Meßwerte entspricht dann der Beleuchtungsstärke der künstlichen Beleuchtung. In Beleuchtungsanlagen mit Leuchtstofflampen und anderen Entladungslampen sollen die Lampen mindestens 100 Stunden, bei Anlagen mit Glühlampen mindestens 10 Stunden, gealtert sein.

Meßraster zur Messung der Beleuchtungsstärke

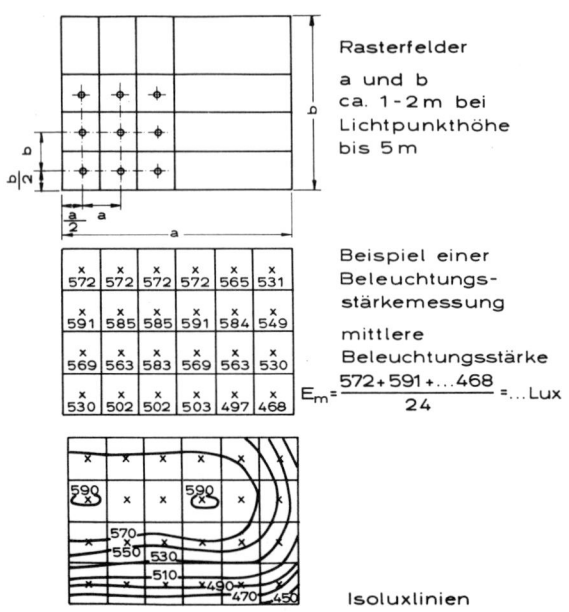

Rasterfelder

a und b
ca. 1-2 m bei
Lichtpunkthöhe
bis 5 m

Beispiel einer
Beleuchtungs-
stärkemessung

mittlere
Beleuchtungsstärke

$$E_m = \frac{572 + 591 + \dots 468}{24} = \dots \text{Lux}$$

Isoluxlinien

Zur Messung der Beleuchtungsstärke wird die Grundfläche des Raumes in möglichst quadratische Felder eingeteilt (siehe oben). Gemessen wird die Beleuchtungsstärke im Mittelpunkt der Teilmeßfläche. Das Rastermaß der Meßpunkte sollte dabei möglichst nicht mit dem Rastermaß der Leuchtenanordnung in Längs- und Querrichtung übereinstimmen. Während in normal hohen Räumen Rasterabstände von 1 bis 2 m üblich sind, werden in hohen Hallen über 5 m Höhe größere Abstände, bis zu 5 m, gewählt. Die übliche Meßhöhe beträgt 0,85 über dem Fußboden. Bei Verkehrswegen ist die Beleuchtungsstärke maximal 0,2 m über dem Boden zu messen. In eingerichteten Räumen mit hohen Aufbauten sind die Beleuchtungsstärken in einzelnen Raumzonen zu messen. Zur Ermittlung der mittleren Beleuchtungsstärke E sind die einzelnen Meßwerte zu addieren und durch die Anzahl der Meßpunkte zu teilen. Verbindet man die Meßpunkte gleicher Beleuchtungsstärke miteinander, erhält man eine grafische Darstellung mit Isolux-Linien. Die Meßwerte der Beleuchtungsstärke sind unter Umständen auf die Betriebsspannung des Netzes umzurechnen.

Meßprotokoll

☐ Bezeichnung des Meßortes

☐ Name der Meßperson

☐ Zeitpunkt

☐ Meßgeräte

☐ Grundriß

☐ Raumabmessungen

☐ Lampen, Leuchten, Anordnung

☐ Meßergebnisse

☐ Netzspannung

☐ Temperaturen

☐ Besonderheiten

☐ Vergleich mit Vorschriften

☐ Datum, Unterschrift

Für einen Vergleich verschiedener Beleuchtungsanlagen, bei der Überprüfung bestehender Anlagen und bei der Nachprüfung der beleuchtungstechnischen Projektierung ist ein *Meßprotokoll* zu erstellen. Dieses muß die Bezeichnung des Gebäudes und des Raumes, in dem die Messung durchgeführt wurde, Namen und Anschrift der Meßperson sowie den Zeitpunkt der Messung enthalten. Darüberhinaus sind Angaben zu machen über die Art des Meßgerätes, den Grundriß mit dem Meßraster, die installierten Lampen und Leuchten und deren Anordnung sowie über die Meßergebnisse. Wichtig sind ebenfalls Aussagen über die bei der Messung vorhandene Netzspannung, über die Temperatur und über eventuell vorhandene Besonderheiten, die während der Messung aufgetreten sind. Schließlich sollten die Meßergebnisse verglichen werden mit den Forderungen für den jeweiligen Raum bzw. der Art der Tätigkeit nach DIN 5035 oder der Arbeitsstätten-Richtlinie ASR 7/3 „Künstliche Beleuchtung".

Kosten der Beleuchtungsanlage

$$K = n_1 \cdot \left[\frac{\frac{k_1}{100} \cdot K_1 + \frac{k_2}{100} \cdot K_2}{n_2} + t_B \cdot a \cdot P + t_B \cdot \frac{K_3}{t_L} + \left(t_B \cdot \frac{K_4}{t_L} + \frac{R}{n_2} \right) \right]$$

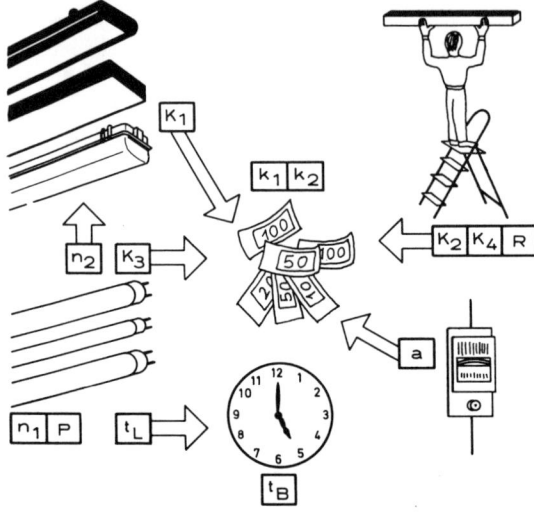

Die jährlichen Gesamtkosten setzen sich aus den Kapitalkosten und den Betriebskosten zusammen. In der Formel bedeuten:

K Jährliche Gesamtkosten
K_1 Kosten der Leuchte
k_1 Kapitaldienst für K_1 (Verzinsung und Abschreibung) in %
K_2 Kosten für Installationsmaterial und Montage je Leuchte
k_2 Kapitaldienst für K_2 (Verzinsung und Abschreibung) in %
R Reinigungskosten je Leuchte und Jahr
n_1 Anzahl aller Lampen
n_2 Anzahl der Lampen je Leuchte
K_3 Preis einer Lampe
K_4 Kosten für das Auswechseln einer Lampe
P Leistungsaufnahme einer Lampe einschließlich Vorschaltgerät in kW
a Kosten der elektrischen Energie je kWh, einschließlich der anteiligen Bereitstellungskosten (Grundpreis)
t_L Nutzlebensdauer der Lampe in Stunden
t_B Jährliche Benutzungsdauer in Stunden

Zum Vergleich verschiedener Beleuchtungsanlagen sollte die Formel nur verwendet werden, wenn gleiche Beleuchtungsgüte vorausgesetzt werden kann.

Arten der Notbeleuchtung

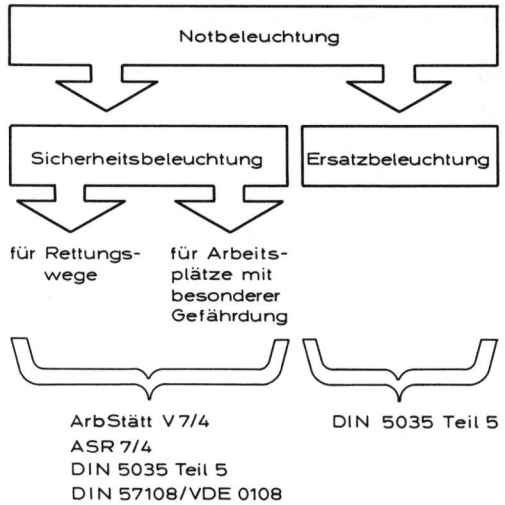

Unter dem Begriff *Notbeleuchtung* versteht man eine Beleuchtung, die bei Störung der Stromversorgung der allgemeinen künstlichen Beleuchtung rechtzeitig wirksam wird. Es werden grundsätzlich zwei Arten der Notbeleuchtung nach DIN 5035 Teil 5 unterschieden und zwar die Sicherheitsbeleuchtung und die Ersatzbeleuchtung.

Die Sicherheitsbeleuchtung für Rettungswege ist eine Beleuchtung, die diese während der betriebserforderlichen Zeit mit einer vorgeschriebenen Mindestbeleuchtungsstärke beleuchtet, um das gefahrlose Verlassen der Räume zu ermöglichen; darüberhinaus müssen die Rettungswege gekennzeichnet werden. Die Sicherheitsbeleuchtung für Arbeitsplätze mit besonderer Gefährdung ist eine Beleuchtung, die das gefahrlose Beenden notwendiger Tätigkeiten und das Verlassen des Arbeitsplatzes ermöglicht.

Die Ersatzbeleuchtung ist eine Notbeleuchtung, die für die Weiterführung des Betriebes über einen begrenzten Zeitraum ersatzweise die Aufgabe der allgemeinen künstlichen Beleuchtung übernimmt.

Lichttechnische Anforderungen
an die Sicherheitsbeleuchtung

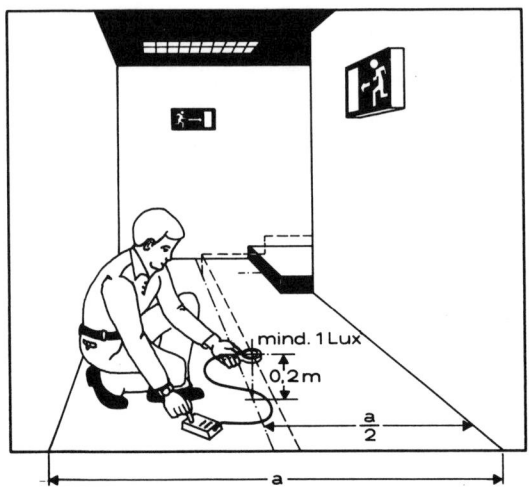

Eine ausreichende Beleuchtung der *Rettungswege* ist dann gewährleistet, wenn die Mindestbeleuchtungsstärke in der Achse der Rettungswege 0,2 m über dem Fußboden, 1 Lux beträgt. Die Gleichmäßigkeit der Beleuchtungsstärke, ausgedrückt durch das Verhältnis Mindestbeleuchtungsstärke zur maximalen Beleuchtungsstärke sollte 1 : 40 nicht unterschreiten. Um eine Beeinträchtigung der Sehleistung durch Blendung zu vermeiden, sind in der DIN 5035 Teil 5 maximale Lichtstärken der Leuchten angegeben. Die Einschaltverzögerung in Arbeitsstätten, Hochhäusern und Großgaragen darf 15 Sekunden nicht überschreiten. Die maximale Einschaltverzögerung in Versammlungsstätten und Warenhäusern beträgt 1 Sekunde. Die *Sicherheitsbeleuchtung* sollte 1 bzw. 3 Stunden eingeschaltet bleiben können. Die Beleuchtungsstärke der Sicherheitsbeleuchtung für Arbeitsplätze mit besonderer Gefährdung muß 10 % der normalerweise erforderlichen Nennbeleuchtungsstärke, mindestens jedoch 15 Lux betragen. Sicherheitsfarben müssen als solche erkennbar bleiben und die Einschaltverzögerung darf höchstens 0,5 Sekunden dauern. Die Betriebsdauer sollte solange sein, wie die Gefährdung andauert, mindestens 1 Minute.

Die sieben Gütegesichtspunkte guter Beleuchtung

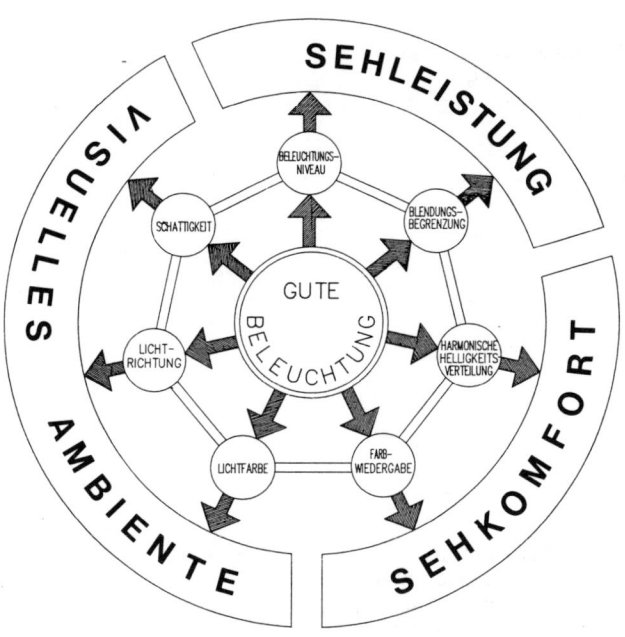

Gegenüber früheren Jahren sind heute Funktionalität, Wirtschaftlichkeit und architektonische Wirkung gleichbedeutend; oft geht sogar die gestalterische Komponente vor. Je nach Raumart und Tätigkeit werden unterschiedliche Anforderungen an eine optimale Beleuchtung gestellt: Sehleistung, Sehkomfort, visuelles Ambiente können einzeln oder gemeinsam mit unterschiedlichen Anteilen auftreten. *Sehleistung* heißt wie genau und wie schnell etwas erkannt wird, *Sehkomfort* bedeutet Sehen unter angenehmen Bedingungen und das *visuelle Ambiente* ist das Erleben der gesamten Raumwirkung. Jedes dieser drei Merkmale wird durch die sieben Gütegesichtspunkte guter Beleuchtung beeinflußt.

Das *Beleuchtungsniveau* entspricht der Helligkeit. Die *Blendungsbegrenzung* vermeidet Störungen beim Sehen. Die *harmonische Helligkeitsverteilung* gewährleistet ein ausgewogenes Verhältnis der Leuchtdichten. Die *Farbwiedergabe* wird durch die spektrale Zusammensetzung der Lichtquellen, das farbliche Aussehen einer Lampe durch die *Lichtfarbe* bestimmt. Das Erkennen der Körperlichkeit und Oberflächenbeschaffenheit eines Gegenstandes wird durch die *Lichtrichtung* und *Schattenbildung* unterstützt. Die Sehleistung wird durch das Beleuchtungsniveau und die Güteklasse der Blendungsbegrenzung, der Sehkomfort durch die Helligkeitsverteilung sowie die Farbwiedergabe und das visuelle Ambiente durch die Lichtfarbe der Lampen sowie die Verteilung von Licht und Schatten beeinflußt.

Optimale Beleuchtungslösungen in der Innenraumbeleuchtung

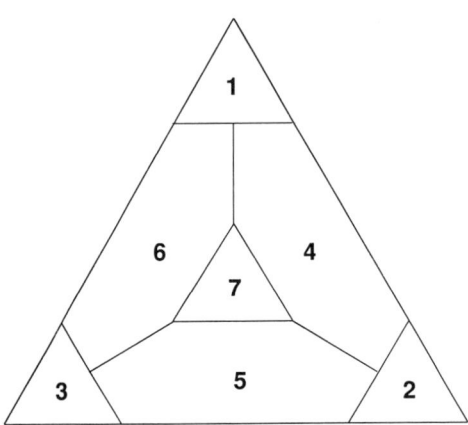

Sehleistung
– Beleuchtungsniveau
– Blendungsbegrenzung

Visuelles Ambiente
– Lichtfarbe
– Lichtrichtung
– Schattigkeit

Sehkomfort
– Farbwiedergabe
– Harmonische
  Helligkeitsverteilung

Sehleistung und Sehkomfort werden in den DIN-Beleuchtungsnormen behandelt. Für das visuelle Ambiente kommen gestalterische Elemente hinzu, wie z. B. Anstrahlung von Bildern, Skulpturen und Pflanzengruppen, Betonung von Bauformen, Zusammenwirken von Tageslicht und Beleuchtung, Führung durch Licht und Anpassung der Leuchten an die Stilrichtung.

Das Prioritätendreieck enthält sieben Zonen, denen sich je nach Raumart und Tätigkeit alle vorkommenden Situationen zuordnen lassen. Zone 1 enthält Räume und Tätigkeiten mit hoher Sehleistung, z. B. Konstruktionsbüros, Bildschirm- und Kassenarbeitsplätze. Hoher Sehkomfort – Zone 2 – wird z. B. in Konferenzräumen und Wartezimmern benötigt. Zone 3 beinhaltet z. B. Empfangsräume, Foyers, repräsentative Räume, Theater, Boutiquen. Sehleistung und Sehkomfort – Zone 4 – wird bei Büroräumen, Supermärkten, Krankenzimmern, Sporthallen gefordert. Zone 5 enthält z. B. Verkaufsräume, Restaurants, Wohnräume und Zone 6 z. B. Bankschalter und Juweliere. Situationen, wo alle drei Kriterien etwa gleiche Bedeutung haben, wie z. B. in Chefsekretariaten und Museen, findet man in der Zone 7. Mit Hilfe des Prioritätendreiecks läßt sich die Situation eindeutig definieren, um eine optimale Beleuchtungslösung zu planen. Eine moderne, elektronisch gesteuerte Beleuchtungsanlage unterstützt hierbei die Flexibilität.

7 Beleuchtung von Büro- und Unterrichtsräumen

Anforderungen an die Bürobeleuchtung

Raum / Tätigkeit	Nenn-beleuchtungs-stärke (Lux)
Sitzungszimmer	300
Büro, Arbeitsplatz am Fenster	300
normal	500
Techn. Zeichnen (Höhe 1,20 m Neigung 75°)	750
Großraumbüro hell	750
dunkel	1000
Lichtfarbe	ww, nw
Farbwiedergabestufe	2A
Güteklasse der Blendungsbegrenzung	1

Angaben über die erforderlichen Werte der Nennbeleuchtungsstärke, Lichtfarbe und Farbwiedergabeeigenschaft sowie der Güteklasse der Blendungsbegrenzung sind in der Norm DIN 5035 Teil 2 enthalten. Für die Beleuchtung der aufgeführten Raumarten eignen sich Leuchten mit Leuchtstofflampen. Im Sitzungszimmer kann eine mehr dekorative Beleuchtung z. B. mit Halogenlampen, gewählt werden. Die Möglichkeit zum Regeln der Beleuchtungsanlage z. B. bei Dia-Vorführungen ist hier sinnvoll. Einzelbüros, in denen die Schreibtische ausschließlich in unmittelbarer Fensternähe stehen, benötigen 300 Lux. Alle anderen Einzel- und Gruppenbüros müssen mit einer Nennbeleuchtungsstärke von 500 Lux geplant werden. Die Nennbeleuchtungsstärke in Zeichenbüros von 750 Lux bezieht sich auf die Gebrauchslage des Zeichenbrettes von 75° zur Horizontalen, wobei der Mittelpunkt des Zeichenbrettes in 1,2 m Höhe liegt. Großraumbüros werden je nach Höhe der Reflexion von Decke und Wänden mit 750 Lux bzw. 1000 Lux beleuchtet. Helle Großraumbüros sind dann vorhanden, wenn die Decke einen Reflexionsgrad von mindestens 0,7 und die Wände bzw. Stellwände einen Reflexionsgrad von mindestens 0,5 besitzen.

Bürobeleuchtung

NENNBELEUCHTUNGSSTÄRKE:
Büroraum: 500 lx

Lichtfarbe: ww, nw   Stufe der Farbwiedergabe: 2A
Güteklasse der Blendungsbegrenzung: 1

LÖSUNG:

Spiegelrasterleuchten oder Leuchten mit klaren
Prismenwannen für Dreibanden-Leuchtstofflampen

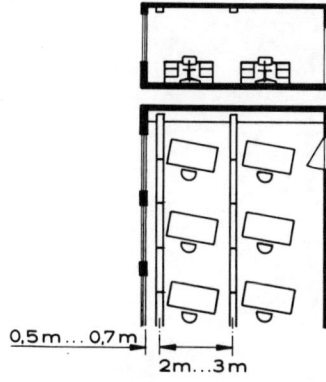

0,5 m ... 0,7 m

2 m ... 3 m

Die meisten konventionellen Einzel- und Gruppenbüros sind mit einer fenster-orientierten Arbeitsplatzanordnung versehen, wobei die Lichteinfallrichtung des Tageslichtes die Anordnung der Arbeitsplätze und damit die Blickrichtung bestimmt. Zur Vermeidung von Reflexblendung sollten die Leuchten parallel zur Fensterfront und damit zur Hauptblickrichtung angeordnet werden. In tieferen Büroräumen, in denen zwei Schreibtische nebeneinander stehen, wird die erste Reihe Leuchten im Abstand von 0,5 – 0,7 m und eine weitere Reihe Leuchten bzw. ein zweites Lichtband in 2 bis 3 m Abstand installiert. Bei Verwendung von Drei-banden-Leuchtstofflampen der Lichtfarbe „Warmton" oder „Weiß" erzielen ein-lampige Spiegelrasterleuchten oder Leuchten mit klaren Prismenwannen in Lichtbandanordnung die erforderliche Nennbeleuchtungsstärke von 500 Lux. Mit den vorgeschlagenen Leuchten und deren Anordnung werden auch die Anforde-rungen an die Blendungsbegrenzung nach DIN 5035 eingehalten.

Beleuchtung von Räumen mit Zeichenbrettern

NENNBELEUCHTUNGSSTÄRKE: 750 lx, 75° zur
Horizontalen

Lichtfarbe: ww, nw, Stufe der Farbwiedergabe: 2A

Güteklasse der Blendungsbegrenzung: 1

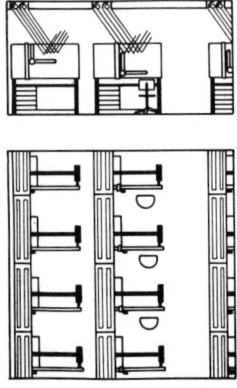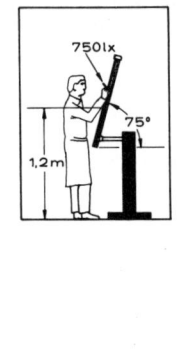

Das typische Merkmal von Räumen, in denen gezeichnet wird, sind die fast vertikal stehenden Zeichenbretter. Bei einheitlich ausgerichteter Anordnung der Zeichenbretter wie sie in größeren befensterten Räumen vorherrscht, sollten die Leuchten bzw. die Lichtbänder parallel zur Fensterfront in Blickrichtung installiert werden. Sie dürfen jedoch nicht direkt über den Zeichenbrettern angebracht sein. Die Lichtverteilung der Leuchten ist für die Arbeit am Zeichenbrett wichtig. Ein Zirkelstrich wird nur bei Schattenbildung erkannt, deshalb sollte das Licht nicht zu diffus sein. Schatten vor den Kanten der Lineale dürfen andererseits den dünnen Bleistiftstrich nicht unsichtbar machen. Deshalb sollte das Licht nicht eindeutig von links auf das Brett fallen, sondern auch von oben kommen und auf die vertikal geneigte Fläche gerichtet sein.

Beleuchtungsstärke in Räumen mit Bildschirmarbeitsplätzen

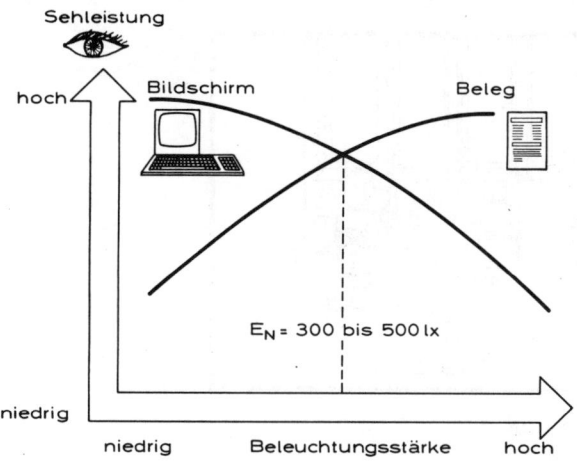

Spezielle Empfehlungen für die Beleuchtung von Räumen mit *Bildschirmarbeits-plätzen* sind im Teil 7 der DIN 5035 aufgeführt. Zwei Sehaufgaben muß man bei der Arbeit am Bildschirmgerät unterscheiden: Einmal das Lesen der Information auf dem Bildschirm und zum anderen das Lesen der jeweiligen Belege sowie das Lesen der Zeichen auf der Tastatur. Beide Sehaufgaben stellen, jede für sich allein betrachtet, unterschiedliche Anforderungen an die Beleuchtung. Zum Lesen des Beleges und zum Bedienen der Tastatur ist ein relativ hohes Beleuchtungsniveau notwendig. Diese Sehaufgabe ist vergleichbar mit konventioneller Büroarbeit, mit Nennbeleuchtungsstärken zwischen 300 und 1000 Lux nach DIN 5035 Teil 2. Für das Lesen der Bildschirminformation ist vor allem der Kontrast zwischen dem Bildschirmzeichen und seinem Hintergrund maßgebend, dieser nimmt jedoch mit steigendem Beleuchtungsniveau durch Überlagerung des Raumlichtes ab. Ein sinnvoller Kompromiß für die Höhe der Nennbeleuchtungsstärke liegt bei Werten zwischen 300 und 500 Lux.

Leuchtdichteverteilung in Räumen mit Bildschirmarbeitsplätzen

ϱ_D 0,6...0,8

ϱ_W 0,3...0,5

richtig ϱ_B 0,15...0,25 falsch

ϱ_T 0,2...0,5 ϱ_S 0,2...0,5

Die Reflexionseigenschaften der Raumbegrenzungsflächen, der Möblierung und der Arbeitstischoberflächen müssen in Räumen mit Bildschirmarbeitsplätzen berücksichtigt werden, um zu hohe Leuchtdichteunterschiede zu vermeiden, und damit keine störenden Spiegelungen heller Flächen auftreten. Die zweckmäßigen Reflexionsgrade von Wänden, Fußboden, Decke, Schreibtischoberfläche und Tastatur sind oben angegeben. Die Farben der Raumbegrenzungsflächen sollten eine geringe Sättigung (Pastellfarben), die der Einrichtungsgegenstände eine mittlere Sättigung, haben. Ebenfalls kann eine zu helle Oberbekleidung zu störenden Spiegelungen auf dem Bildschirm führen. Wichtig ist auch die richtige Anordnung der Bildschirmgeräte zu den Fenstern. Um Spiegelungen zu vermeiden, sollten die Bildschirmgeräte so aufgestellt werden, daß die Hauptblickrichtung des Beschäftigten parallel zur Fensterfront verläuft. Ist das nicht möglich, müssen Vorhänge oder Jalousien vor den Fensterflächen angebracht werden.

Vermeidung von Reflexblendung in Räumen mit Bildschirmarbeitsplätzen

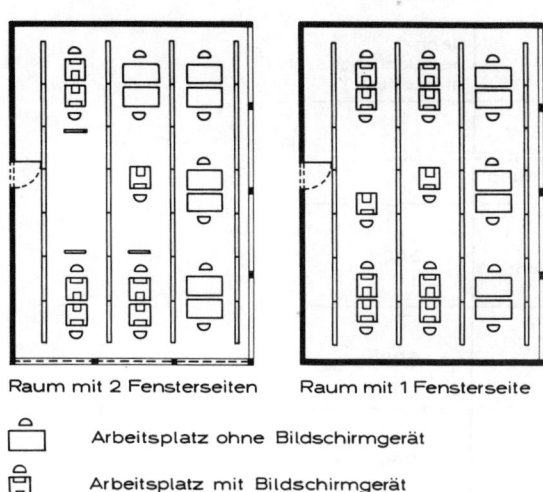

Raum mit 2 Fensterseiten   Raum mit 1 Fensterseite

⌂	Arbeitsplatz ohne Bildschirmgerät
⌂	Arbeitsplatz mit Bildschirmgerät
═══	Fenster
═══	Fenster mit Blendschutz
═══	Leuchtenband
▬	Stellwand
▬▬	Umfassungswände

Zur Vermeidung von Reflexblendung und Kontrastminderung auf dem Bildschirm dürfen sich auf diesem keine hohen Leuchtdichten von Leuchten, Fenstern und Wand- oder Stellflächen mit hohem Reflexionsgrad spiegeln. Mittlere Leuchtdichten über 200 cd/m^2 wirken auf den Beobachter bereits störend. Durch die richtige Zuordnung von Arbeitsplätzen zu den Fenstern und Leuchten können die Sehaufgaben am Bildschirmgerät erleichtert und damit die Belastung des Arbeitenden herabgesetzt werden. Wie in konventionellen Büros werden auch hier die Bildschirmgeräte parallel zur Hauptfensterfront aufgestellt. Die Anordnung der Leuchten bzw. Lichtbänder erfolgt ebenfalls parallel zur Hauptfensterfront, sie sollten nicht über, sondern seitlich dazu versetzt installiert sein. Befindet sich im Raum noch eine zweite Fensterseite, so muß diese mit einem Blendschutz versehen sein. Auch das Aufstellen von Stellwänden kann dazu beitragen, die störenden Leuchtdichten des Fensters zu verringern. Hat man keinen Einfluß auf die Zuordnung von Leuchten und Bildschirmgeräten, können z.B. Spiegelrasterleuchten eingesetzt werden, deren Leuchtdichte bei größeren Ausstrahlungswinkeln als 50° 200 cd/m^2 nicht überschreiten.

119

Anforderung an die Beleuchtung von Unterrichtsstätten

Raum / Tätigkeit	Nenn-beleuchtungs-stärke (Lux)
Unterrichtsräume mit Tageslichtquotient <1% und Abendbeleuchtung	500
Unterrichtsräume mit Tageslichtquotient >1%	300
Labors und Praktikumsräume	500
Technisches Zeichnen	750
Lichtfarbe	ww / nw
Farbwiedergabestufe	2 A
Güteklasse der Blendungsbegrenzung	A bzw. 1

Spezielle Empfehlungen für die Beleuchtung von *Unterrichtsstätten* sind in der DIN 5035 Teil 4 aufgeführt. Außer den oben abgegebenen Anwendungsfällen werden in der Norm noch eine Reihe weiterer Bereiche in Unterrichtsstätten behandelt. Hierzu zählen überdachte Pausenräume und Fahrradständer, Nebenräume, Flure, Treppen, Mensen, Leseräume, Lehrküchen, Bastelräume und Hörsäle. Unterrichtsräume mit einem *Tageslichtquotienten D* größer als 1% am ungünstigsten Arbeitsplatz benötigten nur 300 Lux. Unter dem Tageslichtquotienten versteht man das Verhältnis der Beleuchtungsstärke im Raum zur Beleuchtungsstärke im Freien in %, hervorgerufen durch das Tageslicht. Räume mit großen Fenstern haben demnach hohe Tageslichtquotienten. Zur Begrenzung der Direktblendung soll die Güteklasse A bzw. 1 eingehalten werden.

Beleuchtung von Unterrichtsräumen

NENNBELEUCHTUNGSSTÄRKE:

Tageslichtquotient D > 1% : 300 lx
                     D < 1% : 500 lx

Lichtfarbe: ww, nw   Stufe der Farbwiedergabe: 2 A

Güteklasse der Blendungsbegrenzung: A

LÖSUNG:

① Allgemeinbeleuchtung: Lamellen- bzw. Spiegel-
                                rasterleuchten für
                                Leuchtstofflampen

② Wandtafelbeleuchtung: Asymmetrisch strahlende
                                Spiegelrasterleuchten

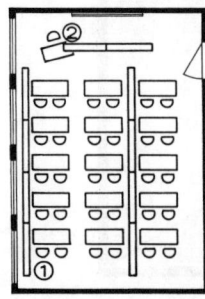

Die Beleuchtung eines *Unterrichtsraumes* muß zum Schreiben und Lesen sowie zum Erkennen von Texten und Zeichnungen auf der Wandtafel geeignet sein. Da diese Tätigkeiten denen im Büro ähnlich sind, sind auch die Anforderungen an die Beleuchtung vergleichbar. Zur Allgemeinbeleuchtung werden Lamellen- oder Spiegelrasterleuchten für Dreibanden-Leuchtstofflampen parallel zur Blickrichtung und zur Fensterfront montiert. Etwa in 2/3 Raumtiefe wird ein zweites Lichtband installiert. Zur Vermeidung von Reflexblendung sollte darauf geachtet werden, daß die Leuchten bzw. die Lichtbänder nicht über den Arbeitstischen, sondern möglichst über den Gängen verlaufen. Die Wandtafel sollte zur Erhöhung der vertikalen Beleuchtungsstärke eine getrennt schaltbare Zusatzbeleuchtung, bestehend aus asymmetrisch strahlenden Spiegelrasterleuchten, erhalten. Die Zusatzbeleuchtung soll zusammen mit der Allgemeinbeleuchtung in der Mitte der Wandtafel eine vertikale Beleuchtungsstärke haben, die der jeweils erforderlichen Nennbeleuchtungsstärke entspricht.

Tageslicht in Innenräumen

Tageslichtquotient

$$= \frac{\text{Beleuchtungsstärke innen}}{\text{Beleuchtungsstärke außen}} \cdot 100\,\%$$

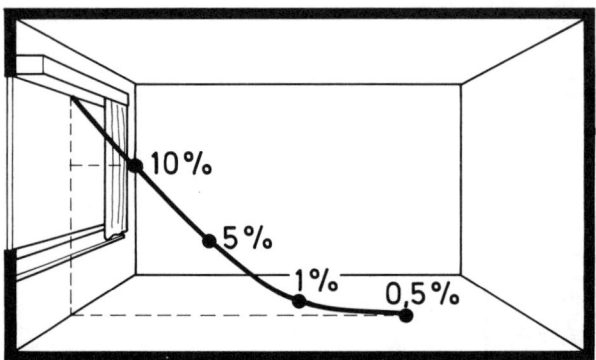

Aufenthaltsräume und Arbeitsräume sollen ausreichend Tageslicht erhalten und die notwendige Sichtverbindung nach außen haben. Die DIN 5034 gibt an, wie mit Tageslicht in Innenräumen durch Fenster eine ausreichende Helligkeit zu erreichen ist. Hierzu dient der Tageslichtquotient, der das Verhältnis zwischen Innen- und Außenbeleuchtungsstärke bei bedecktem Himmel angibt. Der Tageslichtquotient ist unabhängig von der Tages- und Jahreszeit, da sich die Innenbeleuchtung bei bedecktem Himmel immer proportional zur Außenbeleuchtung ändert und ist deshalb ein eindeutiger Kennwert für jeden Punkt des Innenraumes. Bei seitlich angeordneten Fenstern fällt der Tageslichtquotient zur Raummitte ab. Will man den Tageslichtanteil in der Raummitte erhöhen, können Oberlichter oder aber auch Spiegelraster oder Prismen vor dem Fenster oder an der Raumdecke montiert werden, die das Tageslicht weiter in den Raum hineinlenken.

8 Beleuchtung in Handel, Industrie, Handwerk, Dienstleistung, Praxen, Wohnräumen und Landwirtschaft

Anforderungen an die Verkaufsraumbeleuchtung

	Raum/ Tätigkeit	Nenn- beleuchtungs- stärke (Lux)
	Verkaufsraum	300
	Kassenarbeitsplatz	500

Lichtfarbe	ww /nw
Farbwiedergabestufe	2 A
Güteklasse der Blendungsbegrenzung	1

Die Werte für die Beleuchtungsstärken in *Verkaufsräumen* und im Bereich der Kassenarbeitsplätze ist in DIN 5035 Teil 2 festgelegt. Die aufgeführte Nennbeleuchtungsstärke von 300 Lux in Verkaufsräumen ist ebenfalls in der Arbeitsstätten-Richtlinie ASR 7/3 enthalten und berücksichtigt praktisch nur, daß das Verkaufspersonal gefahrlos seiner Tätigkeit nachgehen kann. Vom werblichen Gesichtspunkt aus betrachtet, sind höhere Beleuchtungsstärken erforderlich. Da an den Kassenarbeitsplätzen an die Sehleistungen der dort Beschäftigten hohe Anforderungen gestellt werden, sind in diesem Bereich Beleuchtungsstärken von mindestens 500 Lux einzuplanen. Die Art der Beleuchtung in Verkaufsräumen ist abhängig von der Größe und dem Charakter des Geschäftes. In Warenhäusern wechselt das Angebot häufig. Die Beleuchtung muß deshalb den jeweiligen Gegebenheiten angepaßt werden. Die Beleuchtung in Fachgeschäften richtet sich vorwiegend nach dem Warenangebot. Häufig werden hier, zusätzlich zur Allgemeinbeleuchtung – meist mit Leuchtstofflampenleuchten –, Halogenreflektorlampen oder ähnliche punktförmige Lichtquellen eingesetzt.

Beleuchtung eines Selbstbedienungsladens

NENNBELEUCHTUNGSSTÄRKE:
Verkaufsraum: 300 lx,   Kassenarbeitsplatz: 500 lx

Lichtfarbe: ww, nw   Stufe der Farbwiedergabe: 2A
Güteklasse der Blendungsbegrenzung: 1

LÖSUNG:
Allgemeinbeleuchtung:
① Raster- bzw. Spiegelrasterleuchten für
Dreibanden-Leuchtstofflampen

Akzentbeleuchtung:
② Strahler an Stromschienen für Halogen-Reflektorlampen, SDW-T bzw. Metallhalogendampf-
Lampen.

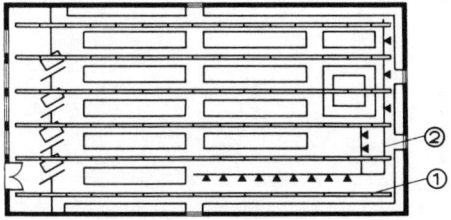

Das für Selbstbedienungsläden erforderliche Beleuchtungsniveau sollte über 300 Lux hinausgehen, denn nur dann kann die Ware effektvoll präsentiert werden. In dem oben gezeigten Beispiel werden in dem Selbstbedienungsladen über den Gängen breitstrahlende Raster- bzw. Spiegelrasterleuchten mit Dreibanden-Leuchtstofflampen installiert, damit die zum Verkauf dargebotene Ware eine möglichst hohe Vertikalbeleuchtungsstärke erhält. Im Bereich der Kassen muß die Nennbeleuchtungsstärke 500 Lux betragen. In hohen Verkaufsräumen ist es empfehlenswert, die Leuchten bzw. Lichtbänder von der Decke abzuhängen, damit die Waren auf den Regalen möglichst viel Licht erhalten. Eine zusätzliche Regalbeleuchtung mit Leuchtstofflampen unterstützt die Werbewirksamkeit der Beleuchtungsanlagen. In Bereichen des Verkaufsraumes, in denen bestimmte Waren effektvoll hervorgehoben werden sollen, eignen sich Strahler mit Halogen-Reflektorlampen, SDW-T-Lampen oder Metallhalogendampflampen kleiner Leistung zur Akzentbeleuchtung. Für die Akzentbeleuchtung wärmeempfindlicher Waren empfehlen sich die Halogen-Kaltlichtreflektorlampen, die 2/3 ihrer Wärmestrahlung nach hinten abgeben. Um mit der Anordnung dieser Leuchten möglichst variabel zu sein, können hierfür Stromschienen verwendet werden.

Schaufensterbeleuchtung

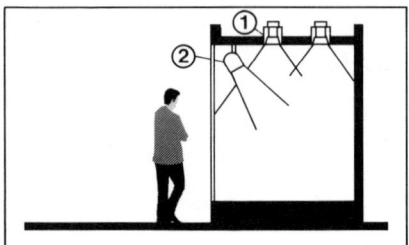

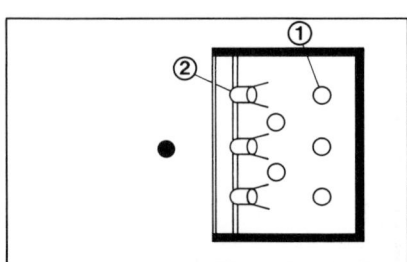

① **Allgemeinbeleuchtung:**

Kompaktleuchtstofflampen in Downlights

② **Akzentbeleuchtung:**

Strahler für Halogenreflektorlampen, SDW-T bzw. Metallhalogendampflampen

Eine *Schaufensterbeleuchtung* ist am Tage genauso wichtig wie in den Dunkelstunden. Am Tage wirkt eine helle Schaufensterbeleuchtung dem bekannten Spiegelungseffekt entgegen. Ist der Raum hinter einer Glasscheibe dunkel, wirkt diese als Spiegel. Für die Abendstunden ist es wichtig, die ausgestellte Ware besonders effektvoll hervorzuheben. Ein festgelegter Wert für die Höhe der Beleuchtungsstärke ist bei der Schaufensterbeleuchtung nicht sinnvoll. Hierbei entscheidet in erster Linie die Art der Ware, die Lage des Geschäftes und die Größe des Schaufensters über den Einsatz der verschiedenen Lichtquellen. Aus wirtschaftlichen Erwägungen ist, besonders auch für die Tageszeit, eine Allgemeinbeleuchtung mit Leuchtstofflampen, z. B. in Spiegelrasterleuchten oder Kompakt-Leuchtstofflampen in Downlights zu empfehlen. Die wünschenswerten Effekte erhält man jedoch mit punktförmigen Lichtquellen, wie Halogen-Reflektorlampen, Metallhalogendampflampen und SDW-T-Lampen. Diese können entweder von oben von der Decke oder auch vom Boden des Schaufensters aus die Ware anstrahlen.

Vitrinenbeleuchtung

 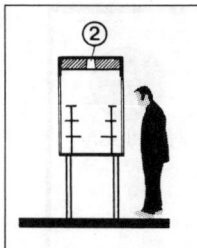

① Spiegelrasterleuchte
für Leuchtstofflampen

② Einbaustrahler für
Reflektorglühlampen „spot"
und Halogenreflektorlampen

③ Leuchtstofflampen
abgeschirmt durch Raster

Für die Beleuchtung von Vitrinen gelten praktisch die gleichen Merkmale wie für die Schaufensterbeleuchtung. Wesentlich ist auch hier, daß die Ware attraktiv beleuchtet wird, die Lichtquellen selbst aber zum Betrachter hin abgeschirmt sind. Für mehr großflächiges Ausstellungsgut eignen sich zur Beleuchtung Leuchtstofflampen oder PLL 18-55 W-Kompakt-Leuchtstofflampen in engbündelnden Spiegelrasterleuchten, um möglichst wenig Licht nach außen treten zu lassen. In Vitrinen, in denen kleine Objekte wie z. B. Schmuck oder Uhren, ausgestellt werden, sorgen Einbaustrahler, die entweder mit Halogen-Reflektorlampen, SDW-T-Lampen oder Metallhalogendampflampen kleiner Leistung bestückt sind, für eine effektvolle und vor allem schattenreiche Beleuchtung. Punktförmige Lichtquellen erzeugen auf der ausgestellten Ware Brillanz und die erforderliche plastische Wirkung. Kombiniert man die beiden Beleuchtungsarten, erhält man eine wirtschaftliche Grundbeleuchtung durch die Leuchtstofflampen, die durch die Akzentbeleuchtung hinsichtlich Attraktivität ergänzt wird.

127

Verkaufsraumbeleuchtung und Verkaufsraumkonzeption I

Beispiele

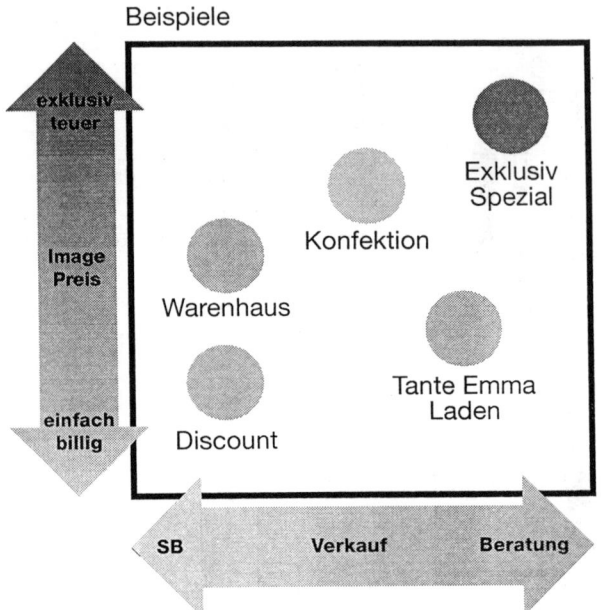

Das Verkaufen hat sich zu einer hochentwickelten, mit allen Raffinessen ausgestatteten Aktivität entwickelt. Das Einkaufen soll für den Kunden ein Erlebnis werden. Die Vielzahl der zur Verfügung stehenden Lampen ermöglicht für jeden Verkaufsraum die dem Verkaufsstil angepaßte Beleuchtungsanlage. Um die jeweils geeignete Art der Beleuchtung und zweckmäßige Lampe zu finden, wurde eine Matrix entwickelt. Auf der Abszisse ist die Art des Verkaufens, von der unpersönlichen Selbstbedienung bis zur persönlichen Beratung, aufgetragen. Die Ordinate macht Aussagen zum Image und der Einrichtung des Geschäftes sowie seiner Preisgestaltung. Beide Eigenschaften hängen eng miteinander zusammen. In einfach ausgestatteten Verkaufsräumen sind auch meist die Waren zu niedrigen Preisen zu erhalten, das wird durch einfache Beleuchtung unterstrichen. Exklusive Geschäfte fordern meist höhere Preise für die angebotenen Produkte. In dem durch die Matrix entstandenen Quadrat lassen sich die verschiedenen Arten der Verkaufsräume einordnen, vom billigen Discounter bis zur exklusiven Boutique. Jede dieser Verkaufsstätten erfordert eine ganz spezifische Art der Beleuchtung.

Verkaufsraumbeleuchtung und Verkaufsraumkonzeption II

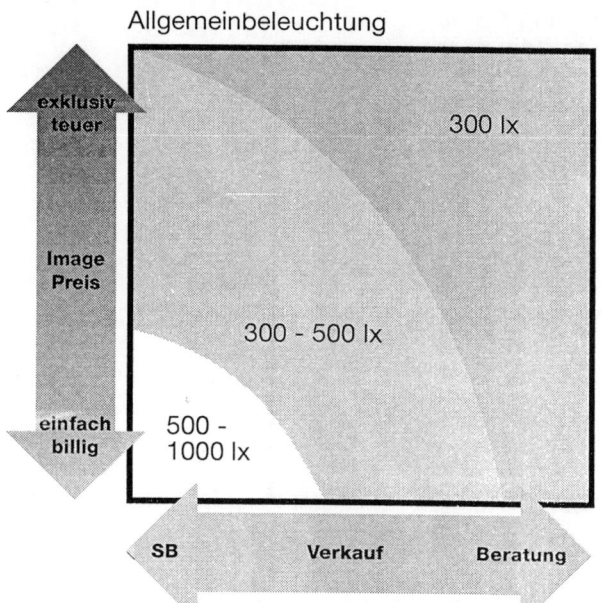

Allgemeinbeleuchtung

exklusiv teuer

Image Preis

einfach billig

300 lx

300 - 500 lx

500 - 1000 lx

SB   Verkauf   Beratung

Je nach Art des Ladentyps werden unterschiedliche lichttechnische Anforderungen gestellt; und zwar an die Höhe der Beleuchtungsstärke, an die Lichtfarbe und Farbwiedergabeeigenschaft der Lampen und an das Verhältnis von Akzentbeleuchtung zu Allgemeinbeleuchtung. Die Höhe der Beleuchtungsstärke für die Allgemeinbeleuchtung sollte bei einfach ausgestatteten Verkaufsräumen mit einem preiswerten Warenangebot und Selbstbedienung hoch sein – 500 bis 1000 Lux –; auf eine Akzentbeleuchtung wird verzichtet. Die Lichtfarbe ist neutralweiß, es werden Lichtquellen der Farbwiedergabestufe 1B mit hoher Lichtausbeute eingesetzt. Es geht darum, dem Kunden schon optisch erkennbar zu machen, daß es um den Verkauf preiswerter Waren ohne persönliche Beratung geht.

Das andere Extrem sind die qualitativ hochwertigen Spezialgeschäfte. Hier wird für die Allgemeinbeleuchtung nur der von der Arbeitsstättenrichtlinie und DIN 5035 geforderte Wert – um Unfälle zu vermeiden – von 300 Lux installiert. Der Anteil der Akzentbeleuchtung, der besonders die wertvollen Waren hervorhebt, ist hier hoch, die Lichtfarbe warmweiß und die eingesetzten Lampen sollten eine sehr gute Farbwiedergabeeigenschaft haben.

Verkaufsraumbeleuchtung und Verkaufsraumkonzeption III

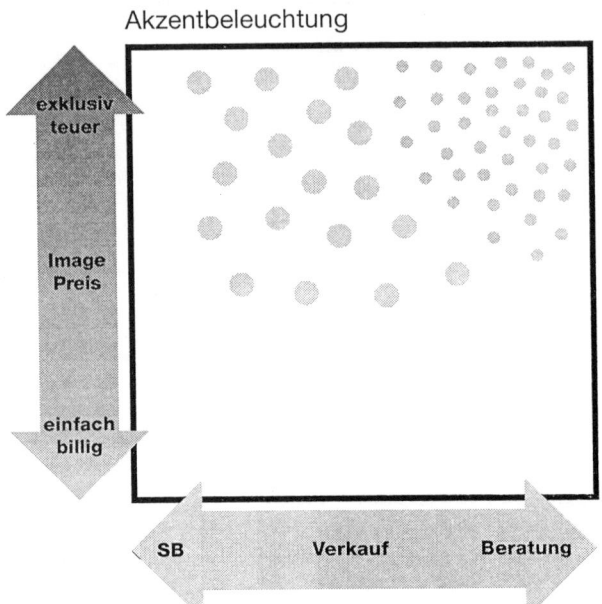

Akzentbeleuchtung

exklusiv teuer

Image Preis

einfach billig

SB   Verkauf   Beratung

Die Akzentbeleuchtung wird dem Verkaufsstil entsprechend mehr oder weniger stark eingesetzt. Die Beziehung zwischen Kunden und angebotener Ware wird durch eine Akzentbeleuchtung unterstützt, die entweder durch Strahler, montiert in der Decke oder an Stromschienen, bzw. durch Einbau-Downlights realisiert wird. Die in der Matrix eingezeichneten Kreise mit kleinem Durchmesser symbolisieren engbündelnde Strahler, die Kreise mit größerem Durchmesser Downlights bzw. breiter bündelnde Strahler.

Zwischen den sehr einfach eingerichteten Verkaufsräumen und den exklusiven Geschäften liegen die Warenhäuser und Konfektionshäuser mit ihrem großen Sortiment hochwertiger Markenartikel, das in einer exklusiven, unpersönlichen Verkaufsatmosphäre angeboten wird. Das meist gut geschulte Personal berät nur auf Wunsch des Kunden. Bei niedrigem Beleuchtungsniveau der Allgemeinbeleuchtung wirkt die Akzentbeleuchtung dramatischer. Die Farbwiedergabe der Lampen sollte mindestens der Stufe 1B, besser noch der Stufe 1A entsprechen, um Farbverfälschungen besonders bei Textil- und Lederwaren zu vermeiden.

In den „Tante Emma"-Läden wird ein schmales Warenangebot in persönlicher Verkaufsatmosphäre angeboten. Die Beleuchtungsstärke ist niedriger als bei Discountern aber höher als im exklusiven Spezialgeschäft.

Verkaufsraumbeleuchtung und Verkaufsraumkonzeption IV

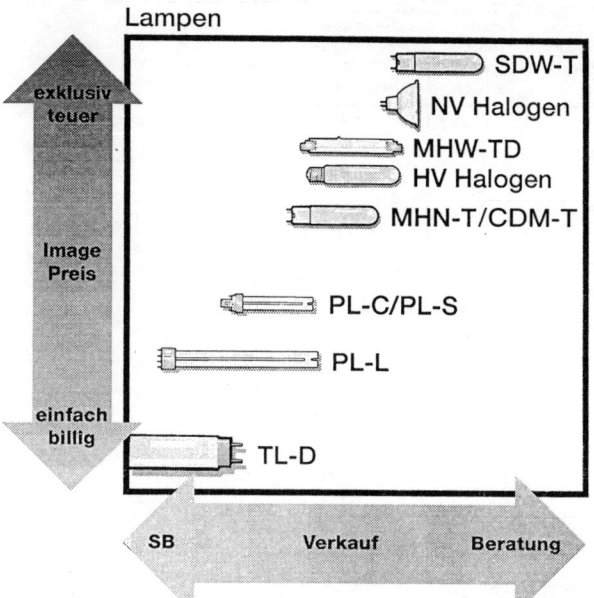

Lampen

SDW-T
NV Halogen
MHW-TD
HV Halogen
MHN-T/CDM-T
PL-C/PL-S
PL-L
TL-D

exklusiv teuer
Image Preis
einfach billig

SB   Verkauf   Beratung

Die Anahl der zweckmäßigen Lampen ist abhängig von den Anforderungen an die Beleuchtung der verschiedenen Ladentypen. Hohe Beleuchtungsstärke, neutral-weiße Lichtfarbe mit guter Farbwiedergabeeigenschaft in einfach ausgestatteten Verkaufsräumen mit niedrigem Preisniveau werden am besten mit Dreibanden-Leuchtstofflampen realisiert. Diese Lampen haben eine hohe Lichtausbeute und gute Farbwiedergabe (Stufe 1B nach DIN 5035).

Um zu vermeiden, daß insbesondere bei Textil- und Lederwaren Farben unter der Beleuchtung mit künstlichem Licht anders erscheinen als bei Tageslicht, sollten de-Luxe-Leuchtstofflampen der Farbwiedergabestufe 1A eingesetzt werden.

Für vorwiegende Akzentbeleuchtung ergänzend zur relativ niedrigen Allgemeinbeleuchtung eignen sich Niedervolt-Halogenlampen, Hochdruck-Natriumdampflampen SDW-T, Hochdruck-Metallhalogendampflampen (MHN-T/CDM-T) niedriger Leistung und Hochvolt-Halogenlampen. Da sich das Licht punktförmiger Lichtquellen besonders gut bündeln läßt, sind diese Lampen insbesondere für die Akzentbeleuchtung mit ihrer effektvollen Wirkung auf die Waren geeignet.

131

Anforderung an die Industriebeleuchtung

Raum/ Tätigkeit	Nennbe- leuchtungs- stärke (Lux)	Farb- wieder- gabe- stufe	Güteklasse Blendungs- be- grenzung
Kraftwerk Kessel- haus	100	3	3
Gießerei Gießhalle	300	3	2
Elektro- technik Montage von Telefon- apparaten	500	3	1
Grafische Industrie Farb- kontrolle	1500	1A	1

Lichtfarbe Kesselhaus, Gießhalle : ww/nw

Montage von Telefon- apparaten, Farbkontrolle : ww/nw/tw

In der Norm DIN 5035 Teil 2 sind fast alle Tätigkeiten bzw. Raumarten, die in der gesamten Industrie vorkommen, aufgeführt. Die einzelnen Sehaufgaben variieren dabei bezüglich Detailgröße, Form, Farbe, Struktur und Kontrast in weiten Grenzen. Grundsätzlich schreibt die Norm vor, daß in Räumen, die dem ständigen Aufenthalt von Personen dienen, eine Nennbeleuchtungsstärke von 100 Lux nötig ist, und daß an ständig besetzten Arbeitsplätzen in Gebäuden eine Nennbeleuchtungsstärke von mindestens 200 Lux vorzusehen ist. Die höheren Beleuchtungsstärken werden durch die Schwierigkeiten der jeweiligen Sehaufgabe bestimmt. Für die Beleuchtung von Innenräumen sind im allgemeinen nur Lampen der Farbwiedergabestufe 3 zulässig. In einigen Fällen bis 200 Lux ist jedoch auch die Hochdruck-Natriumdampflampe (Farbwiedergabestufe 4) zulässig, z. B. in Gießereien, Chemischer Industrie, Stahlwerken und Kraftwerken. Bei der Farbkontrolle, z. B. im grafischen Gewerbe, in der chemischen Industrie sowie bei der Textil- und Lederwarenverarbeitung sollen Lampen mit einem Farbwiedergabeindex R_a größer 90 eingesetzt werden (Leuchtstofflampen „de Luxe").

Beleuchtungsarten in der Industrie

NENNBELEUCHTUNGSSTÄRKE: je nach Sehaufgabe

① Geschoß- und Flachbauten
② Shedbauten
③ Hohe Hallen

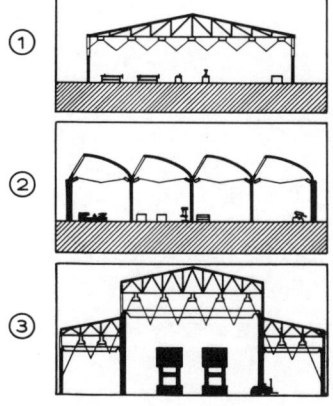

Industrieleuchten
für
Leuchtstofflampen

Reflektorleuchten
für
Hochdruck-
Entladungslampen

Geschoß- und Flachbauten sowie Shedhallen haben meistens Höhen zwischen 3,5 m und 7 m. Bei diesen Raumhöhen kommen Leuchten für Leuchtstofflampen in Frage, die meistens als Lichtband entweder direkt an der Dachkonstruktion oder an Pendeln abgehängt werden. Möglichst sollen zur Vermeidung von störenden Reflexen und Schatten die Lichtbänder im rechten Winkel zu den Reihen der Werkbänke oder Maschinen angeordnet werden. In hohen Industriehallen mit Höhen über 7 m müssen die Leuchten meist wegen vorhandener Aufbauten und Krananlagen sehr hoch montiert werden. Deshalb sind hier die lichtstromstarken Hochdruck-Entladungslampen den Leuchten für Leuchtstofflampen vorzuziehen. Wegen der höheren Lichtstromkonzentration braucht man wenige Leuchten, geringeren Wartungsaufwand und man hat niedrigere Kosten für die Installation. Wenn höhere Nennbeleuchtungsstärken als 1000 Lux erforderlich sind, kann eine Einzelplatzbeleuchtung zweckmäßig sein; es ist jedoch zu beachten, daß der Anteil der Allgemeinbeleuchtung 500 Lux betragen muß.

Beleuchtung von speziellen Sehaufgaben I

 Erkennen von Formen

 Kontrolle von Umrissen

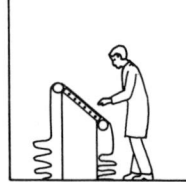 Kontrolle von Stoffen

Bei vielen Fertigungsprozessen in der Industrie und bei Arbeiten im Handwerk treten Sehaufgaben auf, für die die normale Allgemeinbeleuchtung allein nicht ausreicht. Das trifft auch für die Kontrolle bestimmter Erzeugnisse zu. In diesen Fällen muß dann eine Sonderbeleuchtung, die speziell auf diese Sehaufgabe abgestimmt ist, zusätzlich installiert werden. Bei der Arbeit an der Drehbank muß einerseits häufig in den Hohlraum des zu bearbeitenden Werkstückes gesehen werden können, andererseits ist es aber auch wichtig, die Form und die Struktur des Materials zu erkennen. Dieses ist nur mit einer verstellbaren Arbeitsplatzleuchte möglich. Eine Silhouettenbeleuchtung ermöglicht die Kontrolle von Gegenständen, deren Umrisse beurteilt werden sollen. Hierzu wird der zu betrachtende Gegenstand vor eine durchleuchtete Fläche gestellt. Sollen Unregelmäßigkeiten in durchscheinenden Materialien erkannt werden, werden sie von der Rückseite her mit diffusem Licht durchstrahlt.

Beleuchtung von speziellen Sehaufgaben II

 Kontrolle von Glas

 Erkennen von Fehlern

 Kontrolle von Oberflächen

Die Kontrolle von Objekten aus transparentem Material, wie z. B. Gläser und Flaschen, erfolgt zweckmäßigerweise mit Hilfe einer *Spezialbeleuchtung*. Hierzu werden die Objekte vor eine durchleuchtete Scheibe gestellt. Schmutz in Gläsern und Bruchstellen lassen sich sofort erkennen. Das reflektierte Licht einer großflächigen Leuchte erleichtert das Erkennen von Fehlern in einer polierten Oberfläche. Diese Fehler können z. B. Poren, Einschlüsse oder unbeschichtete Stellen auf poliertem Grund sein. Die hierfür geeignete Beleuchtungseinrichtung wird mit Leuchtstofflampen bestückt und verschiebbar über dem Arbeitstisch angeordnet. Zur Kontrolle von Oberflächen auf Unregelmäßigkeiten, wie Risse oder Kratzer in matten Flächen, benötigt man eine Beleuchtungsvorrichtung mit ganz flachem, einseitigen Lichteinfall. Hierfür eignen sich sowohl Leuchten mit Leuchtstofflampen als auch Leuchten mit Reflektorglühlampen, die dicht über dem Arbeitstisch angeordnet werden.

Anforderungen an die Beleuchtung im Handwerk

Raum / Tätigkeit	Nennbe- leuchtungs- stärke (Lux)	Farb- wieder- gabe- stufe	Güteklasse Blendungs- be- grenzung
Entrosten u. Anstreichen von Stahlbau- teilen	200	3	2
Schlosserei und Klempnerei	300	3	2
Kfz- Werkstätten	300	3	2
Radio- u. Fernseh- werkstatt	500	2 A	1

Lichtfarbe: ww / nw

Für die zahlreichen Gewerbe im Handwerk sind in der DIN 5035 Teil 2 die Anforderungen an die Güte der Beleuchtung aufgeführt. Besonders für alle Handwerksbetriebe gilt, daß neben der Erfüllung der Werte für die Nennbeleuchtungsstärke, Leuchten eingesetzt werden, die eine Direktblendung vermeiden. Für die Allgemeinbeleuchtung werden in niedrigen Räumen Lichtbänder mit Reflektorleuchten für Leuchtstofflampen, in höheren Hallen (über 7 m) auch Reflektorleuchten für Hochdruck-Entladungslampen installiert. Bei der Beleuchtung im Handwerk ist darauf zu achten, daß z. B. in feuchten oder feuergefährdeten Betriebsstätten Leuchten der entsprechenden Schutzart ausgewählt werden. Auch die Wartung, d. h. rechtzeitiger Lampenwechsel und Reinigung der Leuchten, spielt in diesem Bereich eine besondere Rolle. Häufig sind für schwierige Sehaufgaben Einzelplatzbeleuchtungen nötig. Hierbei ist darauf zu achten, daß die Allgemeinbeleuchtung immer zusätzlich eingeschaltet ist, um eine ausgewogene Helligkeitsverteilung im Raum zu gewährleisten.

Beleuchtung von Kfz-Werkstätten und Schlossereien

NENNBELEUCHTUNGSSTÄRKE: 300 lx

Lichtfarbe: ww, nw   Stufe der Farbwiedergabe: 3
Güteklasse der Blendungsbegrenzung: 2

LÖSUNG:

Allgemeinbeleuchtung:
Tragschienen-Reflektorleuchten für Leuchtstofflampen

Kfz-Werkstatt

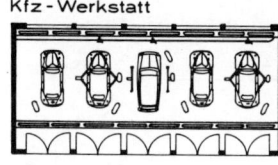

Schlosserei

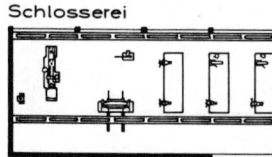

Die für diese beiden Gewerbe erforderliche Allgemeinbeleuchtung erfolgt mit Reflektorleuchten für Leuchtstofflampen in Lichtbandanordnung, z. B. montiert an Tragschienen. In schlossereiähnlichen Betrieben sollten die Lichtbänder im rechten Winkel zu den Werkbänken verlaufen. An Werkzeugmaschinen sind zusätzlich verstellbare Arbeitsplatzleuchten anzubringen. Die Beleuchtung der Bohrmaschinen muß so erfolgen, daß die Arbeiter keine Schatten auf das Werkstück werfen. Beim Schweißen sollte zusätzlich zur Allgemeinbeleuchtung eine mobile Arbeitsplatzleuchte vorhanden sein, um hohe Beleuchtungsstärken auf dem Werkstück zu ermöglichen. In Kfz-Werkstätten erfolgt die Beleuchtung der Abschmiergruben mit staub- und feuchtigkeitsgeschützten Leuchten (Schutzart IP 54) für Leuchtstofflampen, die in Nischen installiert und damit bündig zu den Längswänden verlaufen.

Anforderungen für die Beleuchtung
von Allgemeinen Räumen

Raum/ Tätigkeit	Nennbe- leuchtungs- stärke (Lux)	Farb- wieder- gabe- stufe	Güteklasse Blendungs- be- grenzung
Umkleide- räume Toiletten	100	2 A	2
Treppen Fahr- treppen	100	3	2
Kantinen	200	2 A	1
Fern- schreib- stelle Poststelle	500	2 A	1

Lichtfarbe: ww / nw

In der DIN 5035 Teil 2 sind die beleuchtungstechnischen Anforderungen von Allgemeinen Räumen zusammengefaßt. Hierzu zählen Verkehrszonen, Lagerräume, Pausen-, Sanitär- und Sanitätsräume, Umkleide- und Waschräume sowie Räume für haustechnische Anlagen. Darüberhinaus gibt es in der Norm einen Abschnitt über Anforderungen für Verkehrswege in Gebäuden. Für Lagerräume mit Such- und Leseaufgaben sind höhere Beleuchtungsstärken nötig als in Lagern mit gleichartigen und großteiligen Gütern. Die Gänge von Lagerräumen werden mit tiefbreitstrahlenden Spiegelreflektorleuchten beleuchtet, damit auf den gelagerten Waren noch eine ausreichende Vertikal-Beleuchtungsstärke vorhanden ist. Treppen sind dann gut beleuchtet, wenn die Beleuchtungsstärke auf den waagerechten Stufen höher ist als auf den senkrechten Flächen, und wenn keine störenden Schlagschatten entstehen. Gute Beleuchtungsverhältnisse erzielt man mit Leuchten, die an den Wänden der Treppen montiert sind, bzw. auch mit beleuchteten Handläufen.

138

Beleuchtung von Fluren

Bei der Wahl der Beleuchtungsstärke für Flure muß man von den Beleuchtungsstärken benachbarter Räume ausgehen, um zu vermeiden, daß man aus einem sehr hell beleuchteten Raum auf einen dunklen Flur kommt. Die Beleuchtungsstärke auf dem Flur muß so an die der angrenzenden Räume angepaßt sein, daß auf dem Flur mindestens 10 % der Beleuchtungsstärke der benachbarten Räume vorhanden ist. Unabhängig davon, sind nach DIN 5035 Teil 2 auf Fluren, die ausschließlich von Personen begangen werden 50 Lux und auf Verkehrswegen, die von Personen und Fahrzeugen benutzt werden 100 Lux erforderlich. Für die Anordnung der Leuchten gibt es viele Varianten. Leuchtstofflampen quer zum Flur an der Decke montiert, können lange enge Flure günstig beeinflussen. Leuchten für Leuchtstofflampen und Reflektorlampen, die ihr Licht an die Wände strahlen, bieten zusätzlich die Möglichkeit, Bilder an den Wänden besonders hervorzuheben und gleichzeitig den Flur gut auszuleuchten.

Anforderungen an die Beleuchtung
von Dienstleistungsbetrieben

Raum/ Tätigkeit	Nenn- beleuchtungs- stärke (Lux)	Licht- farbe	Farb- wieder- gabestufe	Güteklasse Blendungs- begrenzung
SB- Gaststätte	300	ww/ nw	1B	1
Hotel- küche	500	ww/ nw	2A	2
Haarpflege	500	ww/ nw/ tw	1A	1
Kosmetik	750	ww/ nw/ tw	1A	1

Zu den in der DIN 5035 Teil 2 angegebenen Dienstleistungsbetrieben gehören Räume aus dem Bereich Hotels und Gaststätten sowie Wäscherei und Haarpflege. Alles Räume, in denen eine individuelle Lichtplanung erforderlich ist. Im Bereich Hotels und Gaststätten gibt es kaum rezeptartige Beleuchtungslösungen. Eine gute Beleuchtungsplanung berücksichtigt den Stil und die Bauart des Hauses und die spezifische Art der Einrichtung. Über der Rezeption sollte die Beleuchtungs- stärke höher sein als in der freien Raummitte, um den Gästen die Orientierung und dem Personal die Arbeit zu erleichtern. Hotelhallen und Foyers sollten keine gleichmäßige Beleuchtung erhalten, sondern durch einzelne Lichtinseln, z. B. über Sitzgruppen, unterteilt sein.

Selbstbedienungsgaststätten benötigen eine sachliche Allgemeinbeleuchtung mit einem Niveau von 300 Lux, damit der Gast mühelos die verfügbaren Plätze erkennen kann, und das Personal den nötigen Überblick behält. Eine zusätzliche Beleuchtung der Vitrinen mit den angebotenen Speisen lenkt die Aufmerksamkeit der Gäste darauf.

Beleuchtung im Restaurant

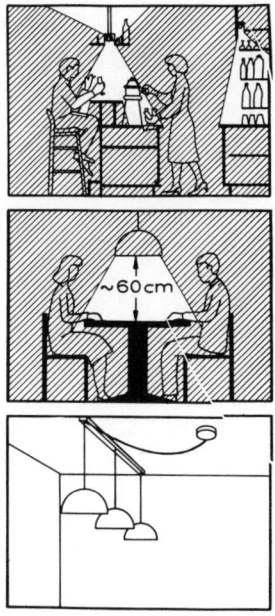

Es gibt Restaurants, in denen eine größere Anzahl eiliger Gäste schnell bedient werden müssen und Restaurants, in denen der Gast länger verweilen möchte. Die jeweils gewünschte Atmosphäre wird durch die Art der Beleuchtung entscheidend beeinflußt. In den SB-Gaststätten muß eine gute Allgemeinbeleuchtung vorhanden sein, wobei über den Essen- und Getränkeausgaben höhere Beleuchtungsstärken vorzusehen sind. In Restaurants für längeren Aufenthalt der Gäste muß vor allem eine angenehme *Tischbeleuchtung* vorhanden sein. Hierfür kommen in erster Linie gut abgeschirmte Leuchten für die wirtschaftlichen Kompaktleuchtstofflampen oder Halogenlampen in Frage. Zwischen der Tischplatte und einer Hängeleuchte sollte ein Abstand von ca. 60 cm vorhanden sein, damit man nicht in die Leuchte hineinsehen kann, daß aber die gegenübersitzenden Personen sich trotzdem ungehindert ansehen können. Wenn Tische umgesetzt werden, sollten auch die Leuchten mit verstellt werden, hierfür eigenen sich z. B. Stromschienen, an denen an beliebiger Stelle Leuchten befestigt werden können.

Beleuchtung von Hotelküchen

NENNBELEUCHTUNGSSTÄRKE: 500 lx

Lichtfarbe: ww, nw   Stufe der Farbwiedergabe: 2 A
Güteklasse der Blendungsbegrenzung: 2

LÖSUNG:

Allgemeinbeleuchtung:
Feuchtraum-Wannenleuchten für Leuchtstofflampen

Wrasenabzug:
Feuchtraumleuchten für Leuchtstofflampen

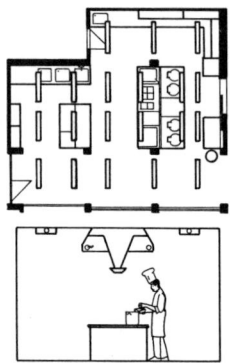

In Küchen ist Sauberkeit und Hygiene eine unabdingbare Forderung. In hellen freundlichen Räumen wird Schmutz eher gebannt als in dunklen. Die Allgemeinbeleuchtung erfolgt mit Leuchten für Leuchtstofflampen, die gleichmäßig an der Decke der Küche verteilt werden. Auf diese Weise wird eine sehr gleichmäßige, universell nutzbare Allgemeinbeleuchtung erreicht, die auch eine Veränderung der Arbeitsplätze erlaubt. Da in Küchen mit fettigen Schwaden und Wasserdampf zu rechnen ist, empfiehlt es sich, Feuchtraum-Wannenleuchten mit der Schutzart IP 54 einzusetzen. In dem Wrasenabzug sind ebenfalls Leuchten für Leuchtstofflampen einzubauen, um zu gewährleisten, daß über dem Herd eine genügend hohe Beleuchtungsstärke vorhanden ist. Bei sehr unterschiedlichen Arbeiten (z. B. Vorbereiten, Kochen, Spülen) in größeren, getrennten Raumzonen, kann man auch eine arbeitsplatzorientierte Allgemeinbeleuchtung einsetzen.

Beleuchtung von Hotelzimmern

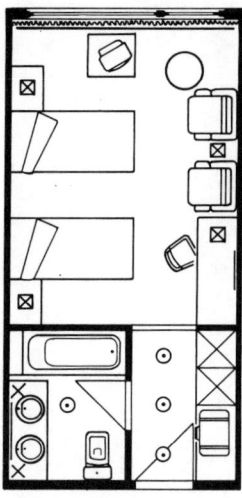

Das Hotelzimmer dient dem Gast oft nicht nur als Schlafstätte, sondern auch als Wohn- bzw. Arbeitsraum. Im Eingangsbereich mit Garderobe, Kofferablage und Ankleidespiegel erzeugen, je nach auszuleuchtender Fläche, Deckeneinbau- oder Aufbauleuchten für Reflektorlampen bzw. Kompaktleuchtstofflampen die erforderliche Beleuchtungsstärke. Im Bad befindet sich eine Leuchte in der Mitte des Raumes, ergänzt durch zwei dazu passende Wandleuchten rechts und links vom Spiegel. Die wohnliche Allgemeinbeleuchtung im Wohn-Schlafraum kommt von Leuchtstofflampen mit der Lichtfarbe „Warmton Extra", montiert am Fenster und abgestimmt zum Raum hin durch eine Holzblende. Die Vorhänge reflektieren das Leuchtstofflampenlicht in den Raum. Auf den beiden Nachttischen und dem Schreibplatz stehen helle Tischleuchten. Zwischen den beiden Sesseln befindet sich eine Stehleuchte als Lesebeleuchtung.

Beleuchtung von Friseur- und Kosmetiksalons

NENNBELEUCHTUNGSSTÄRKE:
Haarpflege: 500 lx   Kosmetik: 750 lx

Lichtfarbe: ww, nw   Stufe der Farbwiedergabe: 1A
Güteklasse der Blendungsbegrenzung: 1

LÖSUNG:

Arbeitsplatzorientierte Allgemeinbeleuchtung:
1 Spiegelrasterleuchten für de Luxe-Leuchtstoff-
                                lampen ww, nw
Spiegelbeleuchtung:
2 Dekorative Leuchten für einseitig gesockelte
                                Leuchtstofflampen

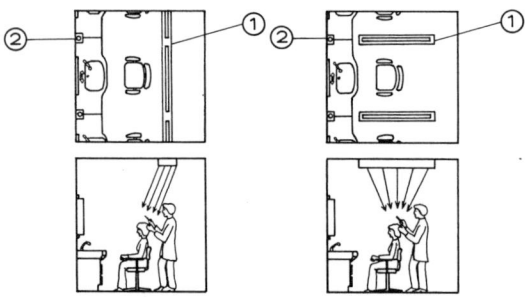

In Salons, die ausschließlich der Haarpflege dienen, genügen Beleuchtungsstärken von 500 Lux, kosmetische Arbeiten erfordern 750 Lux. Zur Allgemeinbeleuchtung werden in Räumen ohne abgetrennte Kabinen Spiegelrasterleuchten für de Luxe-Leuchtstofflampen mit der Lichtfarbe 927 oder 940 in 2 bis 3 m Höhe etwa 0,5 m hinter der Stuhlreihe parallel zu den Spiegeln oder aber zwischen den Stühlen quer zu den Spiegeln angeordnet. In Räumen mit Kabinen werden die Leuchten seitlich an den Kabinenwänden montiert. In jedem Fall ist eine zusätzliche Spiegelbeleuchtung nötig. Um störende Schatten unter Kinn und Nase zu vermeiden, ist es zweckmäßig, die Leuchten rechts und links vom Spiegel zu befestigen. Eine besonders wirtschaftliche Lösung sind hierfür Wandleuchten, bestückt mit Kompaktleuchtstofflampen oder Halogenlampen.

Beleuchtung von zahnärztlichen Behandlungsräumen

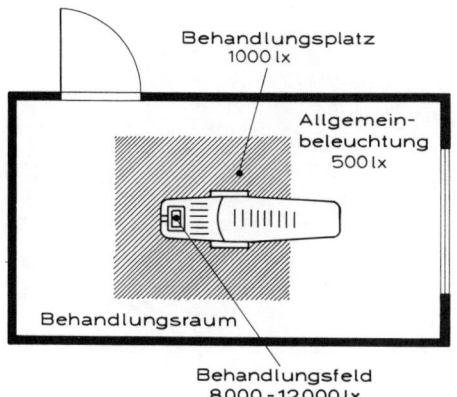

Die lichttechnischen Anforderungen an diese Räume sind in DIN 67505 niedergelegt. Die Beleuchtung muß so ausgelegt sein, daß keine unzulässig hohen Leuchtdichteunterschiede im Raum auftreten, deshalb wird der Behandlungsraum in drei Beleuchtungszonen aufgeteilt. Das sog. Behandlungsfeld ist der Mund des Patienten und wird mit einer speziellen Behandlungsleuchte mit 8000 bis 12000 Lux beleuchtet. Die Beleuchtung des Behandlungsplatzes mit 1000 Lux ermöglicht, daß Feinarbeiten außerhalb des Behandlungsfeldes ausgeführt werden. Die Allgemeinbeleuchtung des Behandlungsraumes soll 500 Lux betragen. Die Lichtfarben der drei Behandlungszonen sollten möglichst identisch sein, der Farbwiedergabeindex der Allgemeinbeleuchtung besser Ra 85, für das Behandlungsfeld und den Beleuchtungsplatz besser Ra 90. Für die Allgemeinbeleuchtung und den Behandlungsplatz werden Leuchtstofflampen mit der Lichtfarbe Tageslichtweiß (tw) empfohlen. Direktblendung der Allgemeinbeleuchtung wird vermieden, wenn Leuchten der Güteklasse 1 eingesetzt werden. Für den Behandlungsplatz und das Behandlungsfeld werden in der Norm genauere Blendungsbegrenzungen angegeben.

Beleuchtung von Wohnräumen I

Im Wohnzimmer benötigt man einerseits häufig hohe Beleuchtungsstärken, damit alle Familienmitglieder ihren teilweise recht unterschiedlichen Tätigkeiten nachgehen können, andererseits bedarf es einer gedämpften Beleuchtung, um die gemütliche Atmosphäre häuslicher Abgeschiedenheit und Intimität hervorzurufen. Diese beiden Forderungen werden erfüllt, wenn man großzügig von zahlreichen Beleuchtungskörpern in verschiedenen Teilen des Raumes Gebrauch macht. Der Raum macht dann einen größeren Eindruck, erhält mehr Atmosphäre und ist auch für die unterschiedlichsten Beschäftigungen ausreichend beleuchtet. Eine Stehleuchte, ein oder zwei Tischleuchten auf der Anrichte, dem Kaminsims oder kleinen Beisatztischen und ein paar Strahlerleuchten mit Halogenlampen ermöglichen im Wohnzimmer Beleuchtungsverhältnisse, die sich mit einem Schlag verwandeln lassen und den wechselnden Umständen angepaßt sind.

Beleuchtung von Wohnräumen II

——————— Leuchtstofflampen mit Blende

▭ Wannenleuchte für Leuchtstofflampen

✕ Wand- bzw. Leseleuchte

⊗ Pendelleuchte

⊠ Steh- bzw. Tischleuchte

_↑__↑_ Stromschiene mit Strahlern

⊙ Deckenleuchte

Die Küche sollte mit den wirtschaftlichen Leuchtstofflampen beleuchtet werden, da die Küche in erster Linie als Arbeitsraum dient. Als zusätzliche Arbeitsplatzbeleuchtung über dem Kochherd, dem Küchentisch und über der Abwäsche geben einlampige Leuchten für de Luxe-Leuchtstofflampen, Farbwiedergabestufe 1A, Lichtfarbe 927 oder 930, das erforderliche Licht, ohne daß ein störender Körperschatten auf der Arbeitsfläche entsteht. Wo der Eßplatz in der Küche eingefügt oder ihr angegliedert ist, sollte eine zusätzliche Eßplatzbeleuchtung installiert werden. Mit Pendelleuchten, bestückt mit Kompaktleuchtstofflampen, lassen sich hier auch architektonisch sehr hübsche Wirkungen erzielen, die zu einer betonten Trennung von Koch- und Eßteil beitragen. Ins Bad gehört eine gute Allgemeinbeleuchtung, die den gesamten Raum beleuchtet und eine zusätzliche Beleuchtung am Spiegel, die keine dunklen Schatten unter Augen, Nase und Kinn hervorrufen darf. Hierfür eignen sich ebenfalls de Luxe-Leuchtstofflampen, Farbwiedergabestufe 1A, Lichtfarbe 927 oder 930, die seitlich und über dem Spiegel montiert werden.

Beleuchtung von Viehställen

Rindviehstall		Nenn- beleuchtungs- stärke (Lux)
	Allgem. Stallbeleuchtung Futter-, Mistgänge Melkgänge	50 100 200
Schweinestall		
	Allgem. Stallbeleuchtung	50
	Futtergänge, Ferkelbereich, Abferkelbereich	100
Pferdestall		
	Allgem. Stallbeleuchtung	50
	Futtergänge, Arbeitsgänge	100

Die Allgemeinbeleuchtung im Stall dient der Orientierung und der Kontrolle der Tiere. Die Arbeitsbeleuchtung bezieht sich auf die angegebenen Raumzonen und braucht nur bei den jeweilig durchzuführenden Tätigkeiten eingeschaltet zu werden. An ständig besetzten Arbeitsplätzen in Ställen ist eine Nennbeleuchtungsstärke von 200 Lux vorzusehen. Die oben angegebenen Nennbeleuchtungsstärken beziehen sich auf die horizontale Ebene in 0,2 m Höhe über dem Fußboden. Aufgrund ihrer langgestreckten Form und ihrer hohen Wirtschaftlichkeit eignen sich Leuchtstofflampen in Feuchtraumleuchten für die Beleuchtung der Ställe. Um eine möglichst gleichmäßige Verteilung der Beleuchtungsstärke zu erzielen, sollten einlampige Leuchten gewählt werden. Als Lichtfarbe für die Leuchtstofflampen wird warmweiß (ww) oder neutralweiß (nw) empfohlen. Aus Gründen der Krankheitserkennung sind Lampen mindestens der Farbwiedergabestufe 2A nach DIN 5035 Teil 1 vorzusehen.

9 Beleuchtung von Pflanzen

Licht und Pflanzen – Photosynthese

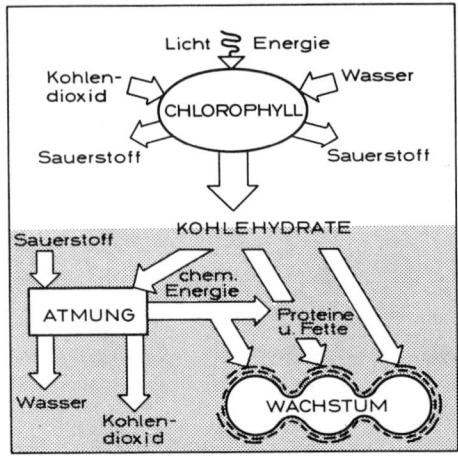

Das Wachstum von Pflanzen wird von vielen Faktoren bestimmt, wie z. B. Temperatur, Bodenzusammensetzung, Feuchtigkeit und dem Kohlendioxidgehalt der Luft, insbesondere aber vom Licht. Wirtschaftliche Lichtquellen – Leuchtstofflampen, Hochdruck-Entladungslampen – können als Ergänzung zum natürlichen Tageslicht verwendet werden. Der Ernährungsprozeß der Pflanzen wird *Photosynthese* genannt. Hierbei werden in der Pflanze aus Kohlendioxid und Wasser, unter Einwirkung von Licht, Kohlehydrate, die für den Aufbau der Pflanzensubstanzen erforderlich sind, gebildet. Gleichzeitig wird bei diesem chemischen Prozeß auch Sauerstoff frei. Die Energie des Lichtes wird vom Blattgrün (Chlorophyll) aufgenommen. Der Photosyntheseprozeß ist abhängig von der Intensität (Beleuchtungsstärke), von der spektralen Zusammensetzung des Lichtes und der Dauer der Belichtung.

Die Wirkung des Lichtes auf das Pflanzenwachstum

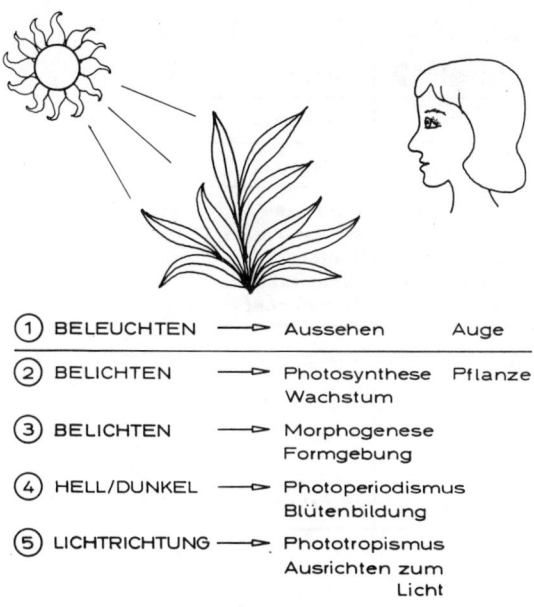

① BELEUCHTEN	⟶ Aussehen	Auge
② BELICHTEN	⟶ Photosynthese Wachstum	Pflanze
③ BELICHTEN	⟶ Morphogenese Formgebung	
④ HELL/DUNKEL	⟶ Photoperiodismus Blütenbildung	
⑤ LICHTRICHTUNG	⟶ Phototropismus Ausrichten zum Licht	

Lampen werden für verschiedene Aufgaben im Hinblick auf Pflanzenbeleuchtung eingesetzt. Zum dekorativen Beleuchten der Pflanzen, z. B. im Wohnbereich, benötigt man Lampen mit guten Farbwiedergabeeigenschaften, da die Pflanzen mit dem menschlichen Auge betrachtet werden. Bei der Belichtung muß auf die Lichtempfindlichkeit der Pflanze Rücksicht genommen werden. Der Ernährungsprozeß der Pflanze ist die Photosynthese, bei der aus Wasser und Kohlendioxid Kohlehydrate und Sauerstoff gebildet werden. Der Begriff *Morphogenese* beschreibt die Formgebung der Pflanze durch Licht. Rotes Licht bewirkt ein Längenwachstum, blaues Licht das Dickenwachstum. Um Pflanzen zum Blühen zu bringen, müssen sie periodisch belichtet werden. Diesen Vorgang nennt man *Photoperiodismus*. Nach der erforderlichen Belichtungsperiode werden Pflanzen in Kurztagspflanzen, Langtagspflanzen und tagneutrale Pflanzen eingeteilt. Mit *Phototropismus* wird der Einfluß der Lichteinfallsrichtung auf die Wachstumsrichtung beschrieben.

Der Lichtbedarf von Pflanzen

	gering ●	mittel ◑	hoch ○
Erhalt	500 lx	1000 lx	1500 lx
Wachstum	1000 lx	2000 lx	3000 lx
Pflanzen-merkmale	viele, breite weiche Blätter	gegliederte, hartlaubige Blätter ausgebildete Blüten	keine oder wenige, kleine Blätter bunte Blätter Blütenknospen
hohe, dominante Pflanzen	Bergpalme	Gummibaum	Yuccapalme
halbhohe, füllende Pflanzen	Drachenbaum	Sanseverien	Zimmeraralie
Bodendecker, Ranken	Usambara-veilchen	Efeu	Hibiskus

Der Lichtbedarf von Pflanzen ist sehr unterschiedlich. Er hängt einerseits ab von der Pflanzenart und zum anderen, ob nur ein Erhalt der Pflanzen oder aber ein Wachstum gewünscht wird. In der Tabelle sind verschiedene Pflanzenarten mit unterschiedlichem Lichtbedarf aufgeführt. Die Pflanzen wurden unterteilt in bodenbedeckende, halbhohe und hohe Pflanzen. Der Abstand zwischen Pflanze und Lampe sollte 25 cm bis 50 cm betragen. Niedrigere Abstände würden zu einer überhöhten Temperatur führen, die den Pflanzen schadet. Zur Aufhängung sollte man Leuchten an Pendeln verwenden, da diese in der Höhe verstellbar sind und jeweils dem richtigen Abstand angepaßt werden können. Für rechteckig angeordnete Pflanzengruppen, z. B. in Blumenfenstern, Vitrinen, Schaufenstern, eignen sich Leuchtstofflampenleuchten. Für die Beleuchtung von runden Blumengefäßen kommen mehr punktförmige Lampentypen in Frage, wie z. B. Mischlichtlampen und Hochdruck-Quecksilberdampflampen.

10 Außenbeleuchtung

Anforderungen an die Straßenbeleuchtung

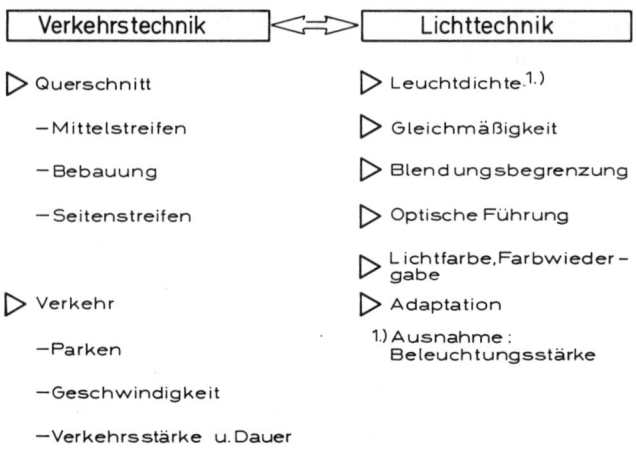

Die DIN 5044 *„Straßenbeleuchtung"* bildet die Grundlage für die verkehrsgerechte Auslegung der Beleuchtungsanlage und ihren verkehrsabhängigen Betrieb, z. B. Halbnachtschaltung, je nach Verkehrsaufkommen. Auf der Basis der Leuchtdichtetechnik werden die Anforderungen an die Güte der Beleuchtung festgelegt. Die Anforderungen werden nach dem jeweiligen Unfallrisiko abgestuft, d. h. den Störungen im Verkehrsablauf und deren Gefährlichkeit. Es erfolgt also eine Verknüpfung der lichttechnischen Gütemerkmale mit verkehrstechnischen Kriterien, die die bauliche Gestaltung und das Verkehrsaufkommen beinhalten. So ist z. B. auf Straßen mit Mittelstreifen die Unfallgefahr geringer als auf Straßen ohne Mittelstreifen. Bebaute Straßen mit Ein- und Ausfahrten und Fußgängerverkehr sind gefährlicher als Straßen ohne Bebauung. Die einzelnen Gütemerkmale der Straßenbeleuchtung sind die mittlere Leuchtdichte, die Längs- und Gesamtgleichmäßigkeit, die Blendungsbegrenzung, die optische Führung, Lichtfarbe und Farbwiedergabeeigenschaft der Lampen und die Adaptation. Beleuchtungsstärken anstelle der Leuchtdichten werden nur in Ausnahmefällen zur Bewertung herangezogen.

154

Beispiel aus der DIN 5044 „Ortsfeste Verkehrsbeleuchtung"

Verkehr bei Dunkelheit	Straßen ohne Mittelstreifen				
Stärke Kfz/h Spur	600	300	100	100	100 Anlieger
Überschreitung h/a	≥200	≥300	≥300	<300	<300
Ortsstraßen					
Bebauung, Parken	$L_n = 2$ $U_l = 0,7$ KB = 1			$L_n = 0,5$ $U_l = 0,4$ KB = 2	$L_n = 0,3$ KB = 2
Bebauung, ohne Parken		$L_n = 1,5$ $U_l = 0,6$ KB = 1	$L_n = 1$ $U_l = 0,6$ KB = 2		
ohne Bebauung ohne Parken					
Gesamtgleichmäßigkeit		0,4			0,3

L_n = mittlere Leuchtdichte cd/m^2
U_l = Längsgleichmäßigkeit
KB = Klasse der Blendungsbegrenzung

Die Abbildung zeigt einen Ausschnitt aus der DIN 5044 Teil 1 *„Ortsfeste Verkehrsbeleuchtung"*. Es werden in diesem Beispiel Richtwerte für die Beleuchtung von Straßen innerhalb bebauter Gebiete angegeben. Die lichttechnische Auslegung der Straßenbeleuchtung, wie mittlere Leuchtdichte, Längs- und Gesamtgleichmäßigkeit sowie Klasse der Blendungsbegrenzung richtet sich nach den verkehrstechnischen Kriterien. Diese sind in diesem Beispiel: Straße ohne ausgebildeten Mittelstreifen mit bzw. ohne Bebauung und mit bzw. ohne ruhenden Verkehr. Weitere verkehrstechnische Kriterien sind die Anzahl Kraftfahrzeuge, die auf einem Fahrstreifen pro Stunde fahren und die Anzahl der Stunden pro Jahr, in denen die angegebene Verkehrsstärke bei Dunkelheit überschritten wird. Je höher das Verkehrsaufkommen, desto höher sind die beleuchtungstechnischen Anforderungen. In bebauten Straßen muß die Beleuchtung besser sein als in unbebauten Straßen.

Leuchtdichte in der Straßenbeleuchtung

hängt ab von
- ▷ Lichtstrom der Lampen
- ▷ Lichtverteilung der Leuchten
- ▷ Anordnung der Leuchten
- ▷ Reflexion der Fahrbahn
- ▷ Standort des Beobachters

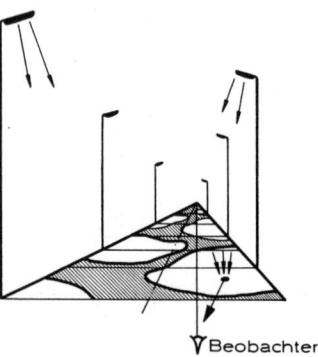

▽ Beobachter

Die Leuchtdichte ist maßgebend für den Eindruck, den der Verkehrsteilnehmer von der *Helligkeit der Fahrbahn* hat. Würde die Planung der Straßenbeleuchtung nach der Beleuchtungsstärke erfolgen, so ergäben sich trotz guter Gleichmäßigkeit auf der Straße ganz unterschiedliche *Helligkeitsverteilungen,* da der Kraftfahrer die Fahrbahn unter ganz flachem Winkel sieht. Es ist darum sinnvoll, für die Planung und Bewertung einer Straßenbeleuchtung die Leuchtdichte (cd/m²), die sich dem Kraftfahrer darbietet, als Bewertungsgröße zu verwenden. Die Leuchtdichte auf der Straße ist abhängig von dem Lichtstrom der Lampen, von der Lichtstärkeverteilung der Leuchten, der Geometrie der Beleuchtungsanlage, von den Reflexionseigenschaften der Fahrbahnoberflächen und vom Standort des Beobachters. Die in der Norm angegebenen Richtwerte sind Nennleuchtdichten, d. h. die örtlichen Mittelwerte der Fahrbahnleuchtdichten in einem definierten Bewertungsfeld; sie beziehen sich auf einen mittleren Alterungszustand der Anlage.

Gleichmäßigkeit der Leuchtdichte in der Straßenbeleuchtung

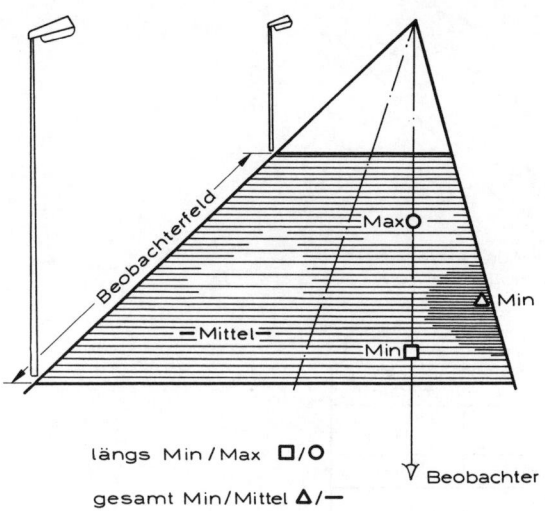

Die Gleichmäßigkeit der Leuchtdichte ist für das Wahrnehmen von Personen, Fahrzeugen und Gegenständen auf der Fahrbahn wichtig. Eine höhere Gleichmäßigkeit bewirkt bessere Sehbedingungen. Den wesentlichen Eindruck vermittelt die Längsgleichmäßigkeit auf der Beobachterspur parallel zur Straßenachse. Sie wird als Verhältnis der minimalen zur maximalen Leuchtdichte auf dieser Linie im Bewertungsfeld angegeben. Das Bewertungsfeld liegt im Bereich von 60 m bis 160 m vor dem Beobachter. Auf Straßen geringer Verkehrsbelastung und überwiegend Anliegerfunktion wird auf das Kriterium Längsgleichmäßigkeit verzichtet. Die Gesamtgleichmäßigkeit als Verhältnis der minimalen zur mittleren Leuchtdichte im Bewertungsfeld stellt sicher, daß zu dunkle Stellen vermieden werden.

Straßenbeleuchtung mit Leuchten für Hochdruck-Natriumdampflampen 70 W

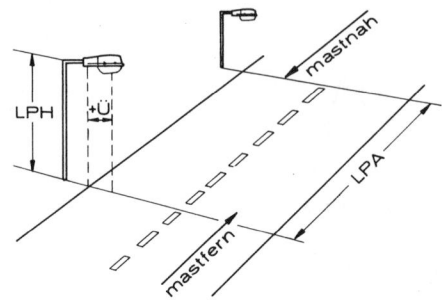

Beispiel: Straßenleuchte für 1 Hochdruck-Natriumdampflampe 70 W

6,5 m breite Straße
LPH = 8 m   Ü = 0
LPA = 35 m

| | Leuchtdichte | Gleichmäßigkeit | |
		längs	gesamt
	L cd / m²	U_l	U_0
mastfern	0,54	0,56	0,49
mastnah	0,51	0,4	0,4
DIN 5044 Ortsstraße	0,5	0,4	0,4

Beispiel für die Projektierung einer Straßenbeleuchtung. Es handelt sich um eine Ortsstraße innerhalb bebauter Gebiete, in der bei Dunkelheit 100 Kraftfahrzeuge pro Stunde und Fahrstreifen verkehren; die Straße hat keinen Mittelstreifen. Die Norm DIN 5044 fordert für derartige Straßen eine Nennleuchtdichte $L = 0,5$ cd/m², eine Längsgleichmäßigkeit U_l von 0,4 und eine Gesamtgleichmäßigkeit U_0 von 0,4. In den technischen Unterlagen der Leuchtenhersteller findet man Angaben für verschiedene Anforderungen je nach Straßenart sowohl für den mastnahen Beobachter als auch für den mastfernen Beobachter. In diesem Beispiel werden für eine 6,5 m breite Straße, die in der DIN 5044 angegebenen Richtwerte erfüllt, wenn alle 35 m (LPA = *Lichtpunktabstand*) ein 8 m (LPH = *Lichtpunkthöhe*) hoher Mast ohne Überhang (Ü), d. h. bündig mit dem Straßenrand abschließend, mit einer Leuchte für eine Hochdruck-Natriumdampflampe 70 W installiert wird.

Straßenbeleuchtung mit Leuchten für Hochdruck-Natriumdampflampen 150 W

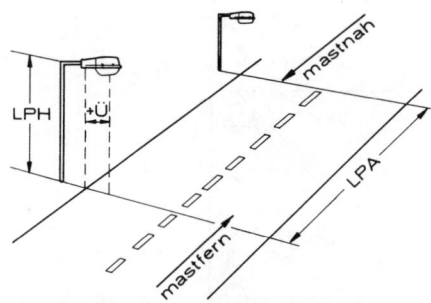

Beispiel: Straßenleuchte für 1 Hochdruck-Natriumdampflampe 150 W

7,5 m breite Straße
LPH = 10 m   Ü = 0
LPA = 35 m

| | Leuchtdichte | Gleichmäßigkeit | |
		längs	gesamt
	L cd/m²	U_l	U_0
mastfern	1,05	0,75	0,45
mastnah	1,00	0,69	0,46
DIN 5044 Kfz.-Straße	1	0,6	0,4

Um eine wirtschaftliche Straßenbeleuchtung zu erstellen, gilt einerseits, Lampen mit hoher Lichtausbeute zu verwenden und andererseits, den Lichtstrom der Lampen möglichst effektiv auf die Fahrbahn zu lenken, d. h. Leuchten mit hohem Wirkungsgrad und exakter Lichtbündelung einzusetzen. Die DIN 5044 fordert für Kraftfahrstraßen, auf denen schneller als 70 km/h gefahren werden darf, bei einer Verkehrsstärke von 300 Fahrzeugen pro Stunde und Fahrstreifen eine Nennleuchtdichte $L_n = 1$ cd/m² und Leuchtdichtegleichmäßigkeiten $U_1 = 0,6$ und $U_0 = 0,4$. Eine wirtschaftliche Lösung dieser Beleuchtungsaufgabe ist die Installation von Leuchten mit Hochdruck-Natriumdampflampen 150 W an 10 m hohen Masten, die in einem Abstand von 35 m ohne Überhang am Straßenrand stehen. Die Tabelle gibt die erzielte Leuchtdichte L und die erreichten Gleichmäßigkeiten für den mastnahen und mastfernen Beobachter an.

Anstrahlungen von Fassaden

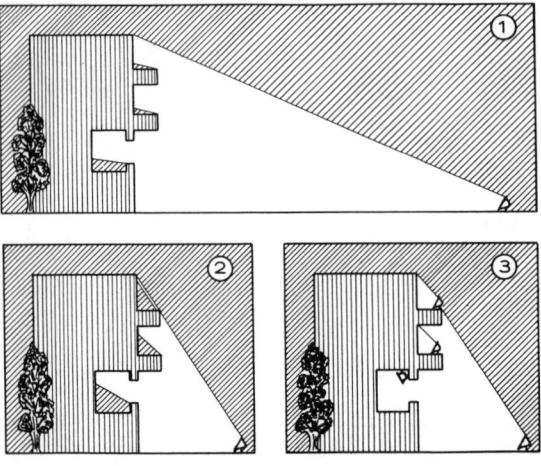

Am Tage erscheinen Fassaden von Gebäuden recht unterschiedlich, je nachdem ob die Sonne scheint oder bedeckter Himmel vorhanden ist. Dieses Wechselspiel läßt sich mit künstlichem Licht nicht erreichen. Man kann jedoch mit Scheinwerfern diejenigen Merkmale eines Gebäudes besonders hervorheben, die am interessantesten sind. Sind Umgebung und Hintergrund des Gebäudes dunkel, so reicht relativ wenig Licht aus, um das Gebäude heller als den Hintergrund erscheinen zu lassen, bei heller Umgebung benötigt man höhere Beleuchtungsstärken. Die Höhe der erforderlichen Beleuchtungsstärke ist auch abhängig vom Reflexionsgrad des Fassadenmaterials, dunkles Material braucht mehr Licht als helles. Heller weißer Backstein z. B. in gut beleuchteter Umgebung benötigt etwa 40 Lux, roter Backstein oder dunkler Beton in schwach beleuchteter Umgebung braucht 75 Lux und in heller Umgebung 300 Lux, um wirkungsvoll zu erscheinen. Zur Beleuchtung von Fassaden mit Erkern und Balkonen müssen die Scheinwerfer in einer gewissen Entfernung angeordnet werden ①, damit zu starke Schatten vermieden werden ②. Ist das nicht möglich, sollten an den vorspringenden und den zurückspringenden Teilen zusätzlich Scheinwerfer montiert werden ③.

Anstrahlung von Bäumen und Pflanzen

Entweder werden Bäume aus einiger Entfernung angestrahlt, um das Blätterwerk erkennen zu können, oder es wird vom Fußpunkt des Stammes aus die Blätterkrone von unten beleuchtet. Interessante Wirkungen lassen sich durch die Verwendung verschiedener Lichtfarben erzielen. Vorwiegend gelbe oder gelbgrüne Blätter können mit Hochdruck- oder Niederdruck-Natriumdampflampen oder Glühlampen beleuchtet werden. Für Bäume mit kräftig grünen oder blaugrünen Blättern eignen sich besonders Hochdruck-Metallhalogendampflampen und Hochdruck-Quecksilberdampflampen. Nach Möglichkeit sollten die Scheinwerfer so versteckt plaziert werden, daß sie nicht auffallen. Für die Beleuchtung von kleinen Pflanzen und Sträuchern sind die normalen Scheinwerfer zu groß. Für dieses Anwendungsgebiet eignen sich Reflektorlampen in Preßglasausführung in wasserdichten Armaturen. Die Preßglasreflektorlampen sind witterungsunempfindlich, haben gute Farbwiedergabeeigenschaften und lassen sich leicht installieren.

Anforderungen an die Beleuchtung von Arbeitsplätzen im Freien

Art der Arbeitsstätten	Nennbeleuchtungs-stärke (Lux)
Baustellen Hochbau	20
Gleisanlagen Umschlagplätze	30
Häfen Docks	50
Tankstellen	100
Farbwiedergabestufe	4*

*) Tankstellen 3

In der DIN 5035 Teil 2 sind Richtwerte für die Beleuchtung von Arbeitsstätten im Freien enthalten. Hierzu gehören außer den Arbeitsstätten Verkehrswege, Verkehrszonen und Werkstraßen.

In Häfen sind z. B. Container-Umschlagsflächen, Kaianlagen, Anlegestellen für Personenverkehr, Docks und Reparaturplätze. Darüberhinaus sind Richtwerte für Gleisanlagen, Arbeitsbereiche auf Lagerflächen, Baustellen, chemischen Großanlagen, Kraftwerken, im Tagebau und bei Tankstellen aufgeführt.

Für die Planung und Bewertung dieser Beleuchtungsanlagen werden die Richtwerte für die Nennbeleuchtungsstärke, die Gleichmäßigkeit der Beleuchtungsstärke g_1 und die Stufe der Farbwiedergabeeigenschaft angegeben.

Für die Beleuchtung von Bahnsteigen gibt es eine eigene DIN-Norm 67525.

11 Sportstättenbeleuchtung

Normen für die Sportstättenbeleuchtung

Teil 1 Richtlinien für die Beleuchtung mit künstlichem Licht

Teil 2 Beleuchtung für Fernseh- und Filmaufnahmen

Teil 3 Richtlinien für die Beleuchtung mit Tageslicht

Teil 4 Richtlinien für die Messung der Beleuchtung

Für die *Beleuchtung von Sportstätten,* sowohl im Freien als auch in Innenräumen, gibt es die DIN 67526 mit 4 Teilen. Die Aussagen in den Normblättern gelten auch für Mehrzweckanlagen, soweit diese für Sportveranstaltungen vorgesehen sind. Im Teil 1 der DIN 67526 sind für fast alle vorkommenden Sportstätten und Sportarten die erforderliche Nennbeleuchtungsstärke, Gleichmäßigkeit der Beleuchtung und die zweckmäßige Lampenart angegeben. Für die Beleuchtung von Sportstätten, in denen Fernsehaufnahmen mit elektronischen Kameras oder Filmkameras gemacht werden, gilt der Teil 2 dieser Norm. Der Teil 2 enthält Richtwerte für die Höhe der vertikalen und horizontalen Beleuchtungsstärke, über die geeignete Lichtfarbe und Farbwiedergabeeigenschaft der Lampen und über die notwendige Gleichmäßigkeit der Beleuchtung. Richtlinien für die Beleuchtung mit Tageslicht sind im Teil 3 ausführlich niedergelegt. Wie eine fertig installierte Beleuchtungsanlage im Sportstättenbereich gemessen werden soll, ist im Teil 4 der DIN 67526 enthalten.

Anforderungen an die Sportstättenbeleuchtung

 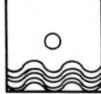

Sportstätte	Training [Lux]	Wettkampf [Lux]
Sportplatz	80	150-500*
Pferdesportanlage	150	300
Freibad Eissportanlage Tennisplatz	200	400
Sporthalle Hallenbad Eissporthalle Reithalle Tennishalle	200	400
Squashhalle	400	400

*je nach Sehentfernung

Die Sehaufgaben bei der Sportstättenbeleuchtung unterscheiden sich von denen der sonstigen Innen- und Außenbeleuchtung. Die Sehaufgabe, z. B. der Ball, ist oft klein und bewegt sich mit hoher Geschwindigkeit auf fast jeder Höhe zwischen Fußboden und Decke. Auch die Sportler bewegen sich ständig rasch in allen möglichen Richtungen. Beim Sport muß man die Position, Geschwindigkeit und Richtung der Sehaufgabe und der anderen Sportler zuverlässig beurteilen können. In der Tabelle ist eine Auswahl der wichtigsten Sportstätten zusammengestellt, und es sind die für diese Sportarten erforderlichen Nennbeleuchtungsstärken für Anlagen, die dem Training und die dem Wettkampf dienen, angegeben. Die höheren Werte für den Wettkampf berücksichtigen im wesentlichen auch die Sehanforderungen der Zuschauer. Diese sind meistens höher als die der Sportler, da für den Zuschauer größere Sehentfernungen auftreten als für den Sportler. Der für Wettkämpfe auf Sportplätzen benötigte Wert der Nennbeleuchtungsstärke liegt deshalb, je nach Sehentfernung der Zuschauer, zwischen 150 und 500 Lux.

Sportplatzbeleuchtung für Trainingszwecke

NENNBELEUCHTUNGSSTÄRKE: 80 lx

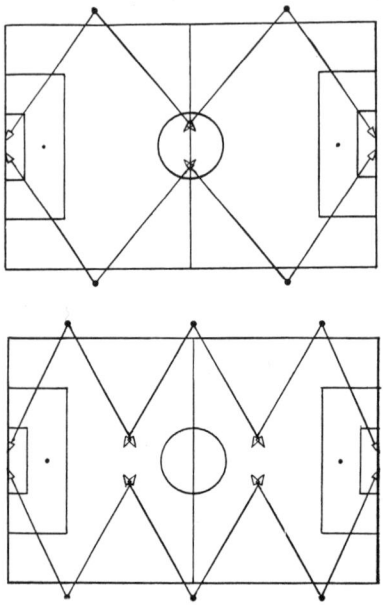

Für die Beleuchtung von Trainingsplätzen wird eine Nennbeleuchtungsstärke von 80 Lux nach DIN 67526 Teil 1 gefordert. Aus wirtschaftlichen Gründen empfiehlt es sich, entweder die Hochdruck-Natriumdampflampen mit ihrem warmweißen Licht oder aber Hochdruck-Metallhalogendampflampen mit neutralweißer Lichtfarbe zu verwenden.

Die Scheinwerfer sollten eine asymmetrische Lichtstärkeverteilung aufweisen und eine gute Blendungsbegrenzung gewährleisten, um die Umgebung des Sportplatzes nicht durch Streulicht zu stören. Die Scheinwerfer werden deshalb so montiert, daß die Lichtaustrittsfläche parallel zur Sportfläche liegt. Die Scheinwerfer werden an den Längsseiten der Sportfläche auf Masten angebracht. Hierfür gibt es zwei Möglichkeiten, entweder zwei 18 m hohe Maste pro Seite mit jeweils zwei Scheinwerfern, bestückt mit je einer Hochdruck-Metallhalogendampflampe 2 kW oder drei 16 m hohe Masten pro Seite mit jeweils zwei Scheinwerfern, bestückt mit je einer Hochdruck-Natriumdampflampe 1 kW.

Die Gesamtanschlußleistung beträgt bei der 4-Mast-Anlage mit Hochdruck-Metallhalogenlampen ca. 16 kW, bei der 6-Mast-Anlage mit Hochdruck-Natriumdampflampen ca. 12 kW bei etwa gleicher Beleuchtungsstärke.

Wettkampfbeleuchtung für Tennisplätze

NENNBELEUCHTUNGSSTÄRKE: 400 lx

Hochdruck-Metallhalogendampf-Lampe 2000 W
Einzelfeld : 4 Scheinwerfer
Doppelfeld: 8 Scheinwerfer

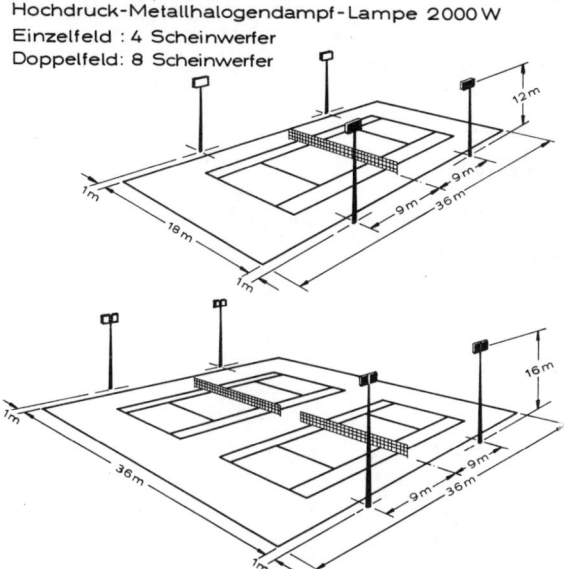

Der Tennissport stellt an das Sehvermögen der Spieler und auch der Zuschauer hohe Anforderungen. Der kleine Ball bewegt sich mit hoher Geschwindigkeit, wodurch der Spieler zu einem raschen Wechsel von Blickrichtung und Standort gezwungen wird. Der Ball kann nur dann gut gesehen werden, wenn er zu seinem Hintergrund einen ausreichend hohen Kontrast bildet, d. h. je heller der Ball und je dunkler die Sportfläche, desto besser ist das Erkennen. Die DIN 67526 Teil 1 schreibt für Trainingsbetrieb 200 Lux und für Wettkämpfe 400 Lux auf einer Sportfläche von $23,77 \times 10,97$ m vor. Eine wettkampftaugliche Beleuchtung wird für ein Tennis-Einzelfeld erzielt mit 4 asymmetrisch strahlenden Scheinwerfern, bestückt mit je einer Hochdruck-Metallhalogendampflampe 2000 W. Mit einem Sicherheitsabstand von 1 m stehen die ca. 12 m hohen Maste an den Längsseiten des Spielfeldes. Entsprechend kann ein Doppelfeld mit 8 asymmetrisch strahlenden Scheinwerfern beleuchtet werden, wobei jedoch eine größere Masthöhe zu wählen ist. Zur Vermeidung von großen Leuchtdichteunterschieden zwischen Sportfläche und unmittelbarer Umgebung des Platzes ist es wünschenswert, wenn das Streulicht der Scheinwerfer evtl. vorhandene Planen oder Büsche etwas aufhellt.

Beleuchtung von Sporthallen

NENNBELEUCHTUNGSSTÄRKE:

Training   : 200 lx
Wettkampf: 400 lx

Ballwurfsichere Leuchten für Leuchtstofflampen
oder Hochdruck-Metallhalogendampflampen

Standardhalle: 15 m x 27 m x 5,5 m

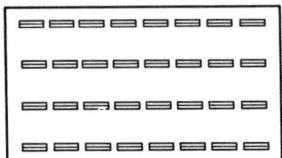

Dreibanden-Leuchtstofflampen

Hochdruck-Metallhalogendampflampen

Die Beleuchtung von Sporthallen ist abhängig von den Sportarten, die in der Halle betrieben werden und von der Geometrie der Halle. Außerdem muß bei der Planung berücksichtigt werden, ob die Halle ausschließlich Trainingszwecken dient, oder ob auch Wettkampfveranstaltungen mit Zuschauern durchgeführt werden. Da in fast allen Hallen mehrere Sportarten ausgeübt werden, richtet sich die erforderliche Beleuchtungsstärke nach der Sportart mit den höchsten Ansprüchen. Die Abmessungen der Sporthallen sind in der DIN 18032 festgelegt. Standardhallen mit den Maßen 15 m x 27 m werden entweder mit Leuchten für Leuchtstofflampen oder Hochdruck-Metallhalogendampflampen beleuchtet. Die Leuchten für Leuchtstofflampen werden parallel zur Längsseite der Halle in Lichtbandanordnung verlegt. Die Leuchten müssen ballwurfsicher sein. Gute Sehbedingungen sind dann vorhanden, wenn der Reflexionsgrad der Decke höher als 0,7 ist. Die Reflexionsgrade der Wände sollten zwischen 0,3 und 0,6 betragen. In Hallen, in denen auch Tennis gespielt wird, sollte der Reflexionsgrad der Stirnwände unter 0,3 % sein, damit ein guter Kontrast zwischen dem Ball und dem Hintergrund entstehen kann.

Beleuchtung von Tennishallen

NENNBELEUCHTUNGSSTÄRKE:

Training   : 200 lx
Wettkampf: 400 lx

Ballwurfsichere Leuchten für Dreibanden-Leuchtstofflampen oder Hochdruck-Entladungslampen

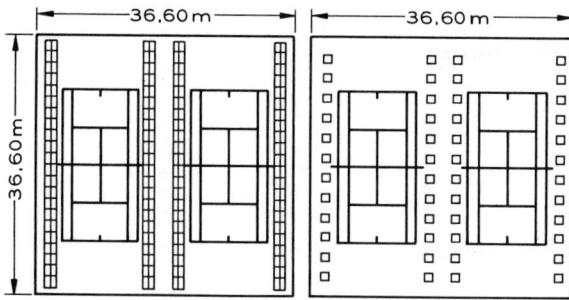

Dreibanden-Leuchtstofflp.   Hochdruck-Entladungslp.

Zur Beleuchtung von Tennishallen eignen sich Leuchten für Leuchtstofflampen und Leuchten für Hochdruck-Metallhalogendampflampen und auch Hochdruck-Natriumdampflampen, bei ausschließlichem Traningsbetrieb. In jedem Fall sind die Leuchten parallel zu den Längsseiten der Spielfläche anzuordnen. Auf die Einhaltung der Gleichmäßigkeit der Beleuchtung ist besonders beim Tennis zu achten, denn sobald ein Ball von einer helleren in eine dunklere Zone oder umgekehrt fliegt, scheint für den Beobachter die Geschwindigkeit des Balles zu- bzw. abzunehmen. Dadurch kann es zu einer falschen Abschätzung der Flugbahn und des Aufsatzpunktes des Balles kommen. Der Tennisball wird dann gut erkannt, wenn er zu seinem Hintergrund einen hohen Kontrast besitzt. Der Reflexionsgrad des Balles liegt zwischen 0,4 und 0,8, je nach Farbe und Verschmutzung. Um gute Kontraste zu erhalten, sollte der Reflexionsgrad der Spielfläche zwischen 0,15 und 0,3 liegen, das trifft z. B. für dunkelgrün und dunkelrot zu. Die Wände hinter den Grundlinien sollen möglichst dunkel sein, d. h. einen Reflexionsgrad kleiner als 0,3 aufweisen.

Beleuchtung von Squashhallen

NENNBELEUCHTUNGSSTÄRKE : 400 lx

9 ballwurfsichere Leuchten für je 1 Dreibanden-
Leuchtstofflampe 58 W

Lichtpunkthöhe > 6 m

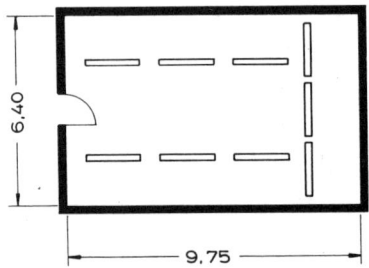

Die geometrischen Abmesssungen der Squashplätze sind gleich. Dadurch hat sich auch für die Anordnung der Leuchten ein festes Schema ergeben. Wie beim Tennissport bewegt sich auch hier der kleine Ball mit hoher Geschwindigkeit. Er kann gut gesehen werden, wenn der Reflexionsgrad des Bodens 0,3 nicht unterschreitet und die Wände und Decke matt weiß sind. Leuchten mit Leuchtstofflampen eignen sich aufgrund ihrer geometrischen Abmessungen am besten für eine Squashplatzbeleuchtung. Die Leuchten sollten so beschaffen sein, daß die Leuchtstofflampen durch den Squashball nicht zerstört werden können. Dies kann erreicht werden durch Abdeckungen aus einem engmaschigen Raster oder durch transparente Kunststoffscheiben. Die parallel zur Stirnwand befindlichen Leuchten sollen ihr Licht asymmetrisch in Richtung Wand ausstrahlen, wobei die Leuchten in Spielerrichtung gut abgeschirmt sein sollen. Hierdurch wird die Stirnwand besonders betont. Die Leuchten, die parallel zur Längswand angeordnet sind, sollten möglichst breitstrahlend sein.

170

Beleuchtung von Schießständen und Kegelbahnen

NENNBELEUCHTUNGSSTÄRKE:

Bahn, Schützenstand: 150 lx
Ziel: 700 lx vertikal

Indirekte Beleuchtung im Schützenstand mit
Leuchtstofflampen
Abgeschirmte Leuchtstofflampen für Bahn und Ziel

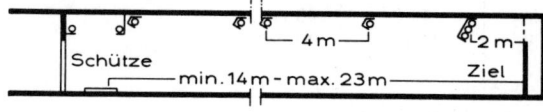

NENNBELEUCHTUNGSSTÄRKE:

Bahn, Satzladen: 200 lx
Kegel: 500 lx vertikal

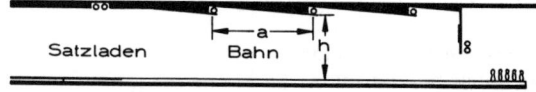

$a \approx 0{,}5 \ldots 1\,h$

Nach der DIN 67526 wird für das Ziel eine vertikale Beleuchtungsstärke von 700 Lux gefordert. Für den Schützenstand und die Bahn werden lediglich 150 Lux benötigt. Für die Beleuchtung des Schützenstandes eignet sich am besten eine indirekte Beleuchtung mit Leuchtstofflampen, diese vermeidet störende Reflexe auf den Waffen. Die Bahn und das Ziel werden mit quer zur Blickrichtung angeordneten Leuchten für Leuchtstofflampen beleuchtet, wobei darauf zu achten ist, daß die Lampen zum Schützen hin gut abgeschirmt sind.

Nach ähnlichen beleuchtungstechnischen Gesichtspunkten werden Kegelbahnen beleuchtet. Die Bahn und die Kegel werden mit quer zur Spielrichtung angeordneten Leuchtstofflampen beleuchtet. Die Leuchtstofflampen werden entweder in die Decke derart eingebaut, daß sie ihr Licht asymmetrisch in Richtung der Kegel abstrahlen, oder aber, daß sie durch Holzlamellen abgeschirmt werden. Die vertikale Beleuchtungsstärke auf den Kegeln sollte 500 Lux betragen.

Farbfernsehgerechte Beleuchtung von Sportstätten

Aufnahmeent-fernungen (m)	bis 90	bis 120	bis 150	über 150
	Nennwerte Vertikal-Beleuchtungsstärke E_v (lx)			
Sportarten Gruppen				
A	500	600	800	1000
B	700	850	1000	1200
C	1000	–	–	–

auf einer Ebene in 1 m Höhe über der Sportfläche
Gruppen (Beispiele)
A: Billard, Bowling, Judo, Leichtathletik, Pferde-rennen, Schwimmen, Springreiten
B: Badminton, Basketball, Eiskunstlauf, Fußball, Handball, Radrennen, Rugby, Tennis, Tischtennis, Volleyball;
Wettkampf: Gymnastik, Eisschnellauf, Hallenhockey
C: Boxen, Eishockey, Fechten, Kunstspringen und Turmspringen, Squash

Für Farbfernseh- und Filmaufnahmen sind die Anforderungen an die Beleuchtung weit höher als die Lichtbedürfnisse der Sportler und Zuschauer. Da die Aufnahmen unter flachem Neigungswinkel der Kamera zum Spielfeld erfolgen, werden Werte für die vertikale Beleuchtungsstärke zugrunde gelegt. Diese sind in der DIN 67526 Teil 2 „Sportstättenbeleuchtung" für die vier Aufnahmerichtungen für verschiedene Sportarten und Aufnahmeentfernungen (Kamera – Sportgeschehen) angegeben. Die erforderliche Beleuchtungsstärke ist außer von der Aufnahmeentfernung abhängig von der Größe der Sehobjekte und der durch die Sportart gegebenen Geschwindigkeit der Bewegungsabläufe. Danach sind die Sportarten in drei Gruppen eingeteilt (A, B, C).

Die in der Tabelle angegebenen Werte sind Nennbeleuchtungsstärken, die bei der Planung mit einem Faktor 1,1 multipliziert werden sollten, um Alterung und Verschmutzung der Lampen und Leuchten zu berücksichtigen. Der Farbwiedergabeindex R_a sollte bei guten Beleuchtungsanlagen größer als 90 sein.

In Sportstätten, bei denen das Flutlicht bei Tageslicht bis über die Dämmerung hinaus verwendet wird, soll die ähnlichste Farbtemperatur zwischen 4000 K und 6500 K liegen. Bei Innenanlagen ohne Tageslicht kann die ähnlichste Farbtemperatur im Bereich von 2800 K bis 4000 K liegen.

12 Wirkung von optischer Strahlung

Ausbleichen und Verfärben von Materialien durch Licht I

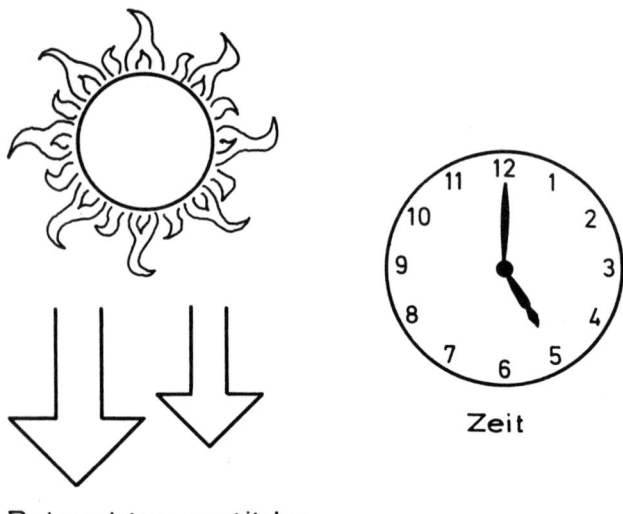

Zeit

Beleuchtungsstärke

Farbveränderungen wie z. B. das Ausbleichen von Textilien sind Folgen von fotochemischen Vorgängen, die durch absorbierte Strahlungsenergie verursacht werden. Das Ausmaß der Farbveränderung wird bestimmt durch die Höhe der Beleuchtungsstärke auf dem Material, die Zeit während der das Material dem Licht ausgesetzt ist, die Temperatur und die spektrale Zusammensetzung des Lichtes; je kurzwelliger, desto energiereicher ist die Strahlung. Das bedeutet praktisch, daß das Ausbleichen von Materialien unvermeidlich ist, egal, ob diese mit natürlichem Tageslicht oder mit künstlichen Lichtquellen beleuchtet werden. Die ausbleichende Wirkung kann nur verlangsamt werden durch die Reduzierung der Beleuchtungsstärke, durch kurze Einschaltzeiten der Beleuchtung und durch Vermeidung von Lichtquellen mit überwiegend kurzwelliger Strahlung.

Ausbleichen und Verfärben von Materialien durch Licht II

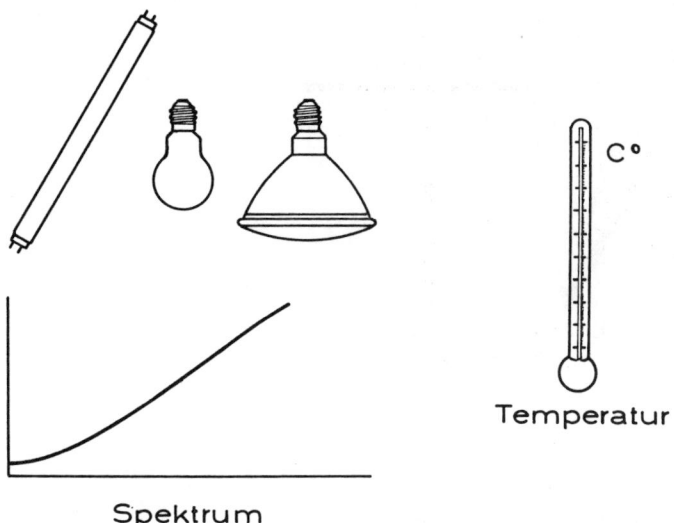

Spektrum

Temperatur

Das Ausbleichrisiko kann mit folgender Formel ermittelt werden.

$FR = 0,02 * DF * E * t.$

Hierin sind: FR = Ausbleichrisiko; DF = Schädigungsfaktor; E = Beleuchtungsstärke in Lux; t = Zeit in Stunden. Ein FR von 100 entspricht einer Beleuchtung in einem Schaufenster im Sommer bei hellem Sonnenschein während einer Stunde. Im folgenden ist zu verschiedenen Beleuchtungsarten jeweils der Schädigungsfaktor DF angegeben.

Beleuchtungsart: Schädigungsfaktor

Tageslicht durch 4 mm Fensterglas: 0,43 – 0,68; Glühlampen: 0,08; Offene Halogenlampen: 0,20; Halogenlampen mit Hüllkolben oder UV Blockern: 0,12; SDW-T Lampen: 0,10; Offene Metall-Halogendampf-Lampen: 0,50; Metall-Halogendampf-Lampen mit Hüllkolben: 0,25; Leuchtstofflampen/Lichtfarbe/827: 0,19; /830: 0,20; /840: 0,21; /865: 0,24; /927: 0,15; /930: 0,15; /940: 0,18; /950: 0,22; /33: 0,24.

Bräunung der Haut mit UV-Strahlung

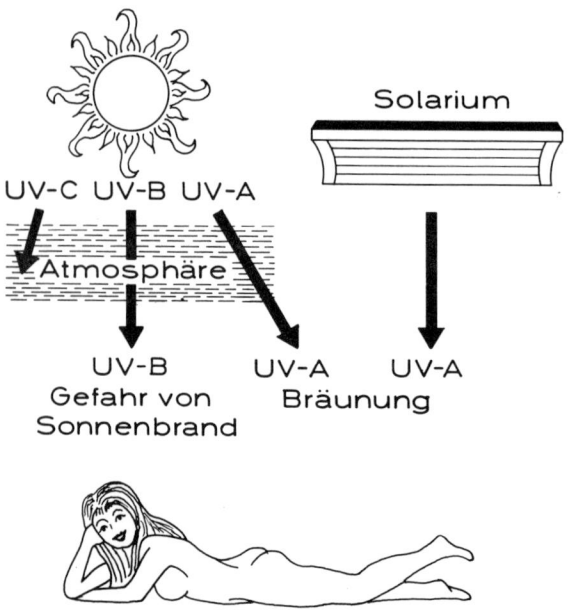

Von der Sonne wird neben dem Licht und der Infrarotstrahlung auch Ultraviolett (UV)-Strahlung erzeugt. Je nach Wellenlänge unterscheidet man das UV-C, UV-B und UV-A. Das für den Menschen schädliche UV-C wird bereits in der Atmosphäre absorbiert und erreicht die Erdoberfläche nicht. Das UV-B steigert die Abwehrkräfte in unserem Körper und ist für die Bildung von Vitamin D verantwortlich; andererseits besteht die Gefahr von Sonnenbrand und Bindehautentzündung. Die UV-A-Strahlung bräunt die Haut, schafft damit ein gesundes, attraktives Äußeres und gibt natürliches Selbstbewußtsein. Außerdem wird eine Verbesserung des Stoffwechsels durch die Anreicherung des Blutes mit Sauerstoff erreicht. Die UV-A-Strahlung kann auch mit künstlichen Lichtquellen erzeugt werden. Am gebräuchlichsten sind hierfür Leuchtstofflampen mit einem speziellen Leuchtstoff, die in sogenannten Solarien eingebaut sind. Die Bestrahlungszeiten und die Häufigkeit der Bestrahlung ist abhängig vom Hauttyp und wird von den jeweiligen Solarienherstellern angegeben.

Infrarotstrahlung

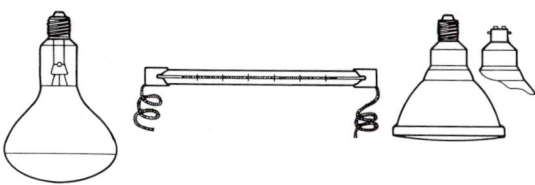

Erhitzen	Härten	Tieraufzucht
Trocknen	Erweichen	Therapie
Einbrennen	Schmelzen	

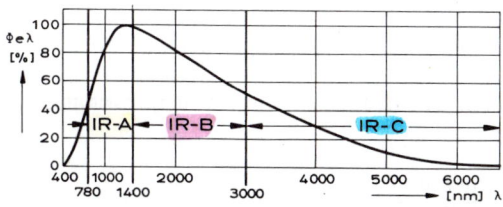

Das Spektrum der Infrarotstrahlung wird in drei Bereiche unterteilt:
IR-A von 780 bis 1400 nm (kurz)
IR-B von 1,4 bis 3 µm (mittel)
IR-C von 3 µm bis 1 mm (lang)
Infrarotstrahlung, insbesondere im kurzwelligen Bereich, hat die stärkste Wärmewirkung aller Strahlungsarten, sie ist für das menschliche Auge nicht sichtbar, wohl aber von der Haut als Wärme fühlbar. Sie durchdringt klare Luft ohne merklichen Energieverlust. Nur wenn die Strahlung auf ein Objekt auftritt, wird Energie absorbiert und dabei in Wärme verwandelt.

Kurzwellige Infrarotstrahlung verhält sich in vieler Hinsicht wie sichtbares Licht. Sie kann reflektiert und durch optische Elemente auf eine Fläche konzentriert werden. Dadurch lassen sich viele Wärmeverluste vermeiden.

Spezielle Ausführungen von elektrischen Lampen mit Wolframglühwendeln werden zur Erzeugung kurzwelliger Infrarotstrahlung verwendet. Die Lage des Maximums im Spektrum der Lampe und ihre Lebensdauer hängen von der Glühtemperatur der Wendel ab. Gute Strahlungseigenschaften und eine wirtschaftliche Lebensdauer erhält man mit Lampen, deren Maximum bei 1200 nm liegt.

13 Literaturhinweise

Normen, Beuth Verlag GmbH, 10772 Berlin
DIN 5034 „Tageslicht in Innenräumen"
Teil 1: Allgemeine Anforderungen
Teil 2: Grundlagen
Teil 3: Berechnung
Teil 4: Vereinfachte Bestimmung von Mindestfenstergrößen für Wohnräume
Teil 5: Messung
Teil 6: Vereinfachte Bestimmung zweckmäßiger Abmessungen von Oberlichtöffnungen in Dachflächen

DIN 5035 „Beleuchtung mit künstlichem Licht"
Teil 1: Begriffe und allgemeine Anforderungen
Teil 2: Richtwerte für Arbeitsstätten in Innenräumen und im Freien
Teil 3: Beleuchtung in Krankenhäusern
Teil 4: Spezielle Empfehlungen für die Beleuchtung von Unterrichtsstätten
Teil 5: Notbeleuchtung
Teil 6: Messung und Bewertung
Teil 7: Beleuchtung von Räumen mit Bildschirmarbeitsplätzen und mit Arbeitsplätzen mit Bildschirmunterstützung
Teil 8: Spezielle Anforderungen zur Einzelplatzbeleuchtung in Büroräumen und büroähnlichen Räumen

DIN 5044 „Ortsfeste Verkehrsbeleuchtung"
Beleuchtung von Straßen für den Kraftfahrzeugverkehr
Teil 1: Allgemeine Gütemerkmale und Richtwerte
Teil 2: Berechnung und Messung

DIN 67500 „Beleuchtung von Schleusenanlagen, Anforderungen, Berechnung, Messung"

DIN 67505 „Beleuchtung zahnärztlicher Behandlungsräume und zahntechnischer Laboratorien; Anforderungen"

DIN 67523 „Beleuchtung von Fußgängerüberwegen mit Zusatzbeleuchtung"
Teil 1: Allgemeine Gütemerkmale und Richtwerte
Teil 2: Berechnung und Messung

DIN 67524 „Beleuchtung von Straßentunnels und Unterführungen"
Teil 1: Allgemeine Gütemerkmale und Richtwerte
Teil 2: Berechnung und Messung

DIN 67526 „Sportstättenbeleuchtung"
Teil 1: Richtlinien für die Beleuchtung mit künstlichem Licht
Teil 2: Beleuchtung für Fernseh- und Filmaufnahmen

Teil 3: Richtlinien für die Beleuchtung mit Tageslicht
Teil 4: Richtlinien für die Messung der Beleuchtung

DIN 67528 „Beleuchtung von Parkplätzen und Parkbauten"

Arbeitsstätten-Richtlinien – Der Bundesminister für Arbeit und Sozialordnung
– Bundesanzeiger Verlagsgesellschaft mbH, Köln
  Postfach 10 80 08
ASR 7/3: Künstliche Beleuchtung
ASR 7/4: Sicherheitsbeleuchtung

Beleuchtung '92. Hinweise für die Innenraumbeleuchtung mit künstlichem Licht
in öffentlichen Gebäuden. Arbeitskreis Maschinen- und Elektrotechnik staatlicher
und kommunaler Verwaltungen (AMEV).

„Richtlinien für die Beleuchtung in Anlagen für Fußgängerverkehr", Forschungs-
gesellschaft für Straßen- und Verkehrswesen.

Fördergemeinschaft Gutes Licht, 60591 Frankfurt/Main, Postfach 70 12 61
Heft 1: Die Beleuchtung mit künstlichem Licht
Heft 2: Gutes Licht für Schulen und Bildungsstätten
Heft 3: Gutes Licht für Sicherheit auf Straßen, Wegen, Plätzen
Heft 4: Gutes Licht für Büros und Verwaltungsgebäude
Heft 5: Gutes Licht für Gewerbe, Handwerk und Industrie
Heft 6: Gutes Licht für Verkaufsräume und Schaufenster
Heft 7: Gutes Licht im Gesundheitswesen
Heft 8: Gutes Licht für Sportstätten
Heft 9: Lichtgestaltung für repräsentative Räume
Heft 10: Notbeleuchtung, Sicherheitsbeleuchtung
Heft 11: Gutes Licht für Hotels, Restaurants, Gaststätten
Heft 12: Sanierung von Beleuchtungsanlagen
Heft 13: Gutes Licht für kommunale Bauten und Anlagen
Heft 14: Ideen für Gutes Licht zum Wohnen
Heft 15: Gutes Licht am Haus und im Garten

Fachbücher
Handbuch für Beleuchtung, herausgegeben von den Lichttechnischen Gesell-
schaften der Schweiz, Deutschland, Österreich und Niederlande,
Verlag ecomed, D-8910 Landsberg, ISBN 3-609-75390-0
H.-J. Hentschel: Licht und Beleuchtung. Heidelberg: Hüthig 1993,
ISBN 3-7785-2184-5
H.-J. Dodillet: Licht am Haus und im Garten. München: Callwey 1986,
ISBN 3-7667-0754-X
B. Weis: Notbeleuchtung. München: Pflaum 1985, ISBN 3-7905-0434-3
J. Flagge, Hrsg.: Architektur – Licht-Architektur.
Stuttgart: Karl Krämer Verlag 1991, ISBN 3-7828-4011-9

F. Lindemuth, J. Krochmann: Empfehlungen zur Messung von Beleuchtungs-
anlagen. Schriftenreihe der Bundesanstalt für Arbeitsschutz – Fb 567,
Dortmund 1989, ISBN 3-88314-868-7
W. Baatz: Gestaltung mit Licht. Ravensburg: Ravensburger Buchverlag 1994,
ISBN 3-473-48377-X
H.-J. Richter: Licht im Büro. Landsberg/Lech: Verlag Moderne Industrie 1993,
Band 71, ISBN 3-478-93054-5
R. Schricker: Licht-Raum, Raum-Licht. Stuttgart: Deutsche Verlags-Anstalt 1994,
ISBN 3-421-03058-8

Fachzeitschriften
Licht. München: Pflaum Verlag GmbH u. Co. K.G., ISSN 0024-2861
Licht und Architektur. Gütersloh: Bertelsmann Fachzeitschriften GmbH
Internationale Licht Rundschau. Amsterdam (Niederlande): Stichting
Prometheus, ISSN 0165-9863

14 Stichwortverzeichnis

182

Hans-Jürgen Hentschel

Licht und Beleuchtung

Theorie und Praxis der Lichttechnik

4., neubearb. Aufl. 1994.
XII, 314 Seiten. Geb.
DM/sFr 98,-   öS 765,-
ISBN 3-7785-2184-5

Die moderne Lichttechnik ist gekennzeichnet durch zunehmende Ansprüche an die Qualität der Beleuchtung und Forderungen nach der Wirtschaftlichkeit der Anlagen. Möglich wird dies durch verbesserte Lichtquellen und Leuchten, weiterentwickelte elektronische Vorschalt- und Steuergeräte sowie durch Fortschritte bei der Beleuchtungsbewertung und -berechnung.

Diese 4. Auflage vermittelt in bewährter Weise dem Studenten der Lichttechnik und des Baufachs die Zusammenhänge zwischen Lichtwahrnehmung, -erzeugung, -lenkung und -anwendung in der Innen- und Außenbeleuchtung, so daß er lichttechnische Aufgaben selbständig und schöpferisch lösen kann.

Ebenso dient es mit zahlreichen Tabellen und dem ausführlichen Literaturverzeichnis sowie den Hinweisen auf Normen Mitarbeitern in Ingenieurbüros, Bauverwaltungen und Industrie als Nachschlagewerk.

 Hüthig

Hüthig GmbH, Im Weiher 10, 69121 Heidelberg